地球は他の惑星と
どう違うのでしょうか。

1

Credit NASA/JPL

2

たとえば、地球で見る夕焼けは赤いですが、
火星では

1地球と火星 2火星の空に沈む太陽

Credit：NASA/JPL-Caltech/Texas A&M/Cornell

1960年代には、

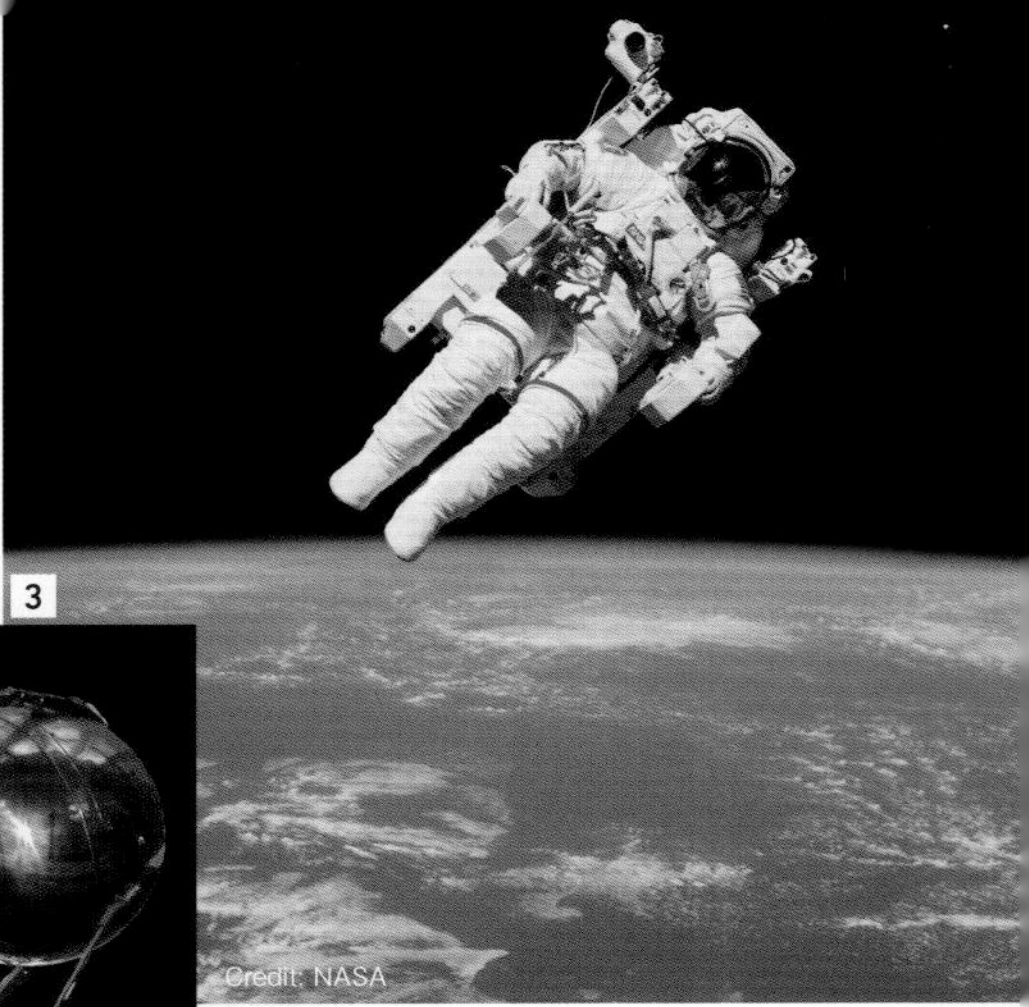

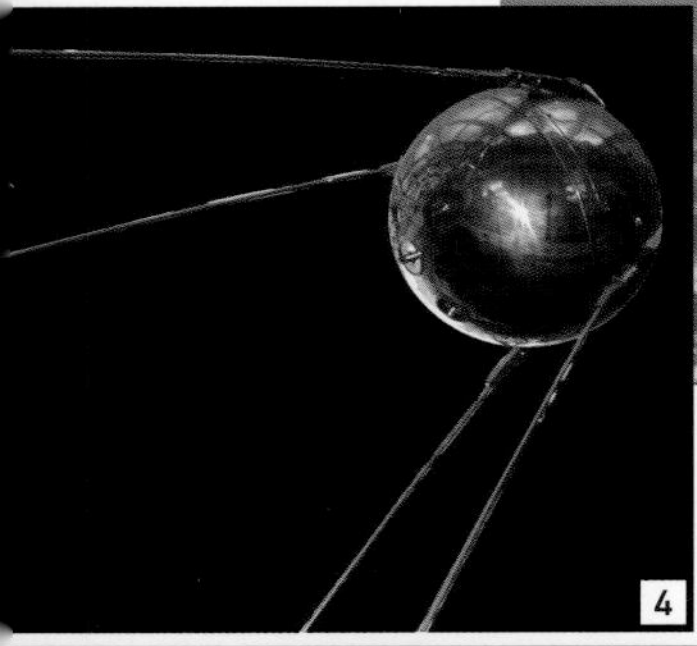

米ソが宇宙開発を
競っていた時代がありました。

3宇宙遊泳をするNASAのブルース・マッカンドレス宇宙飛行士（1984年）
4旧ソ連が打ち上げた最初の衛星スプートニク１号(1957年）5アポロ８号が撮影した地球の出（1968年）

現在は、世界中で多くの人たちが
宇宙開発や研究に携わるようになっています。

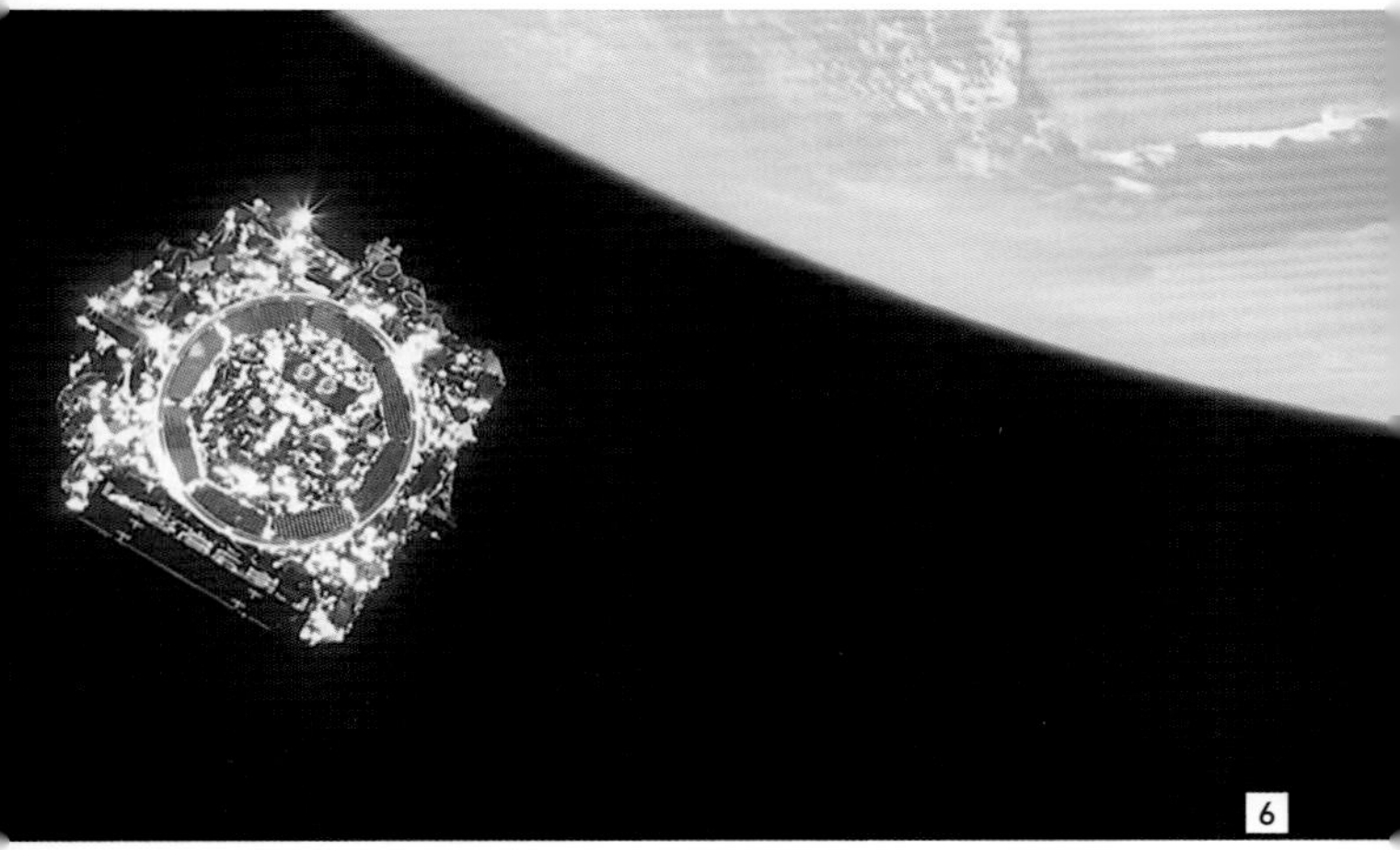

ロケット、衛星、宇宙船、惑星科学 ——

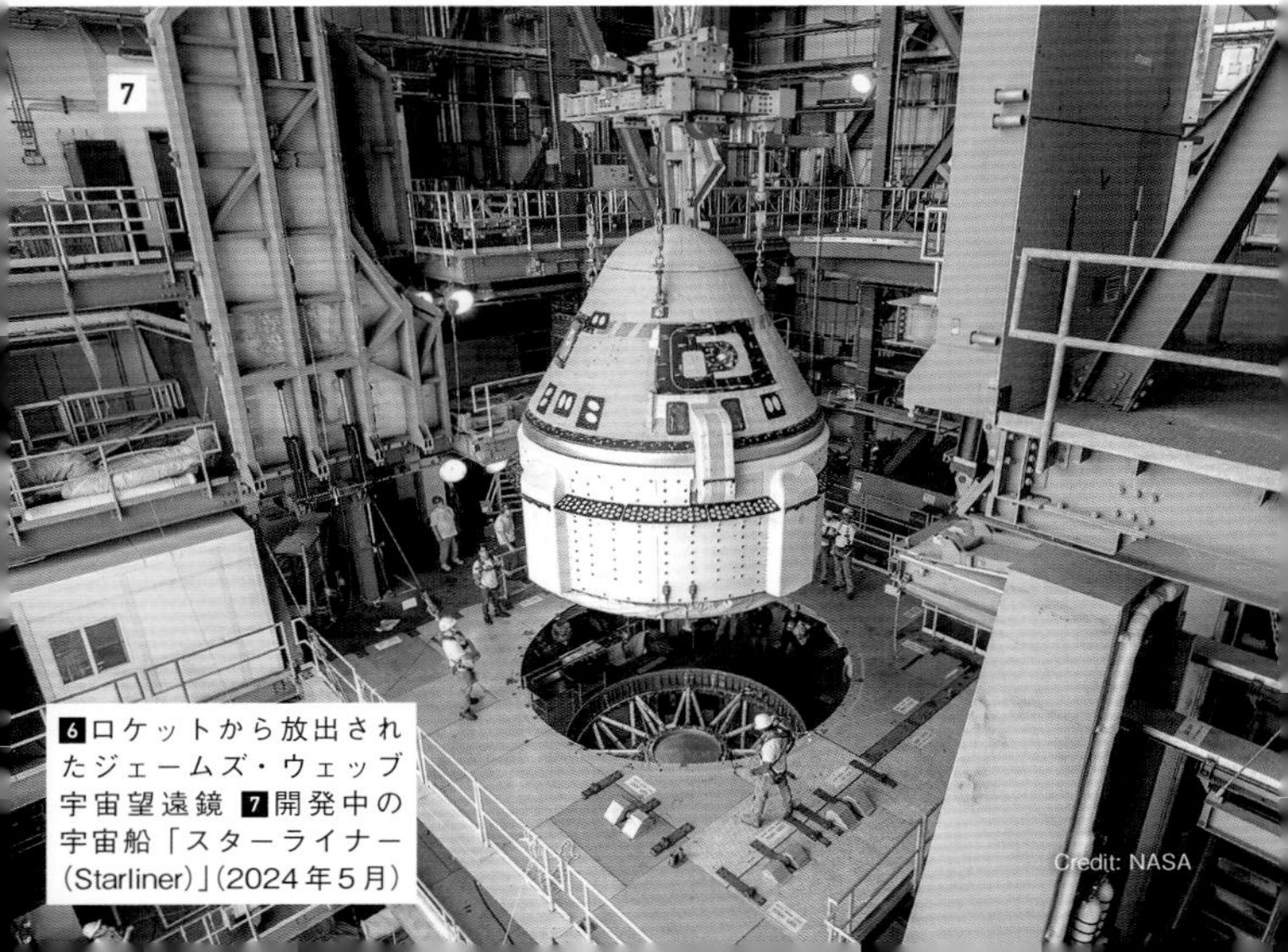

6 ロケットから放出されたジェームズ・ウェッブ宇宙望遠鏡 7 開発中の宇宙船「スターライナー(Starliner)」(2024年5月)

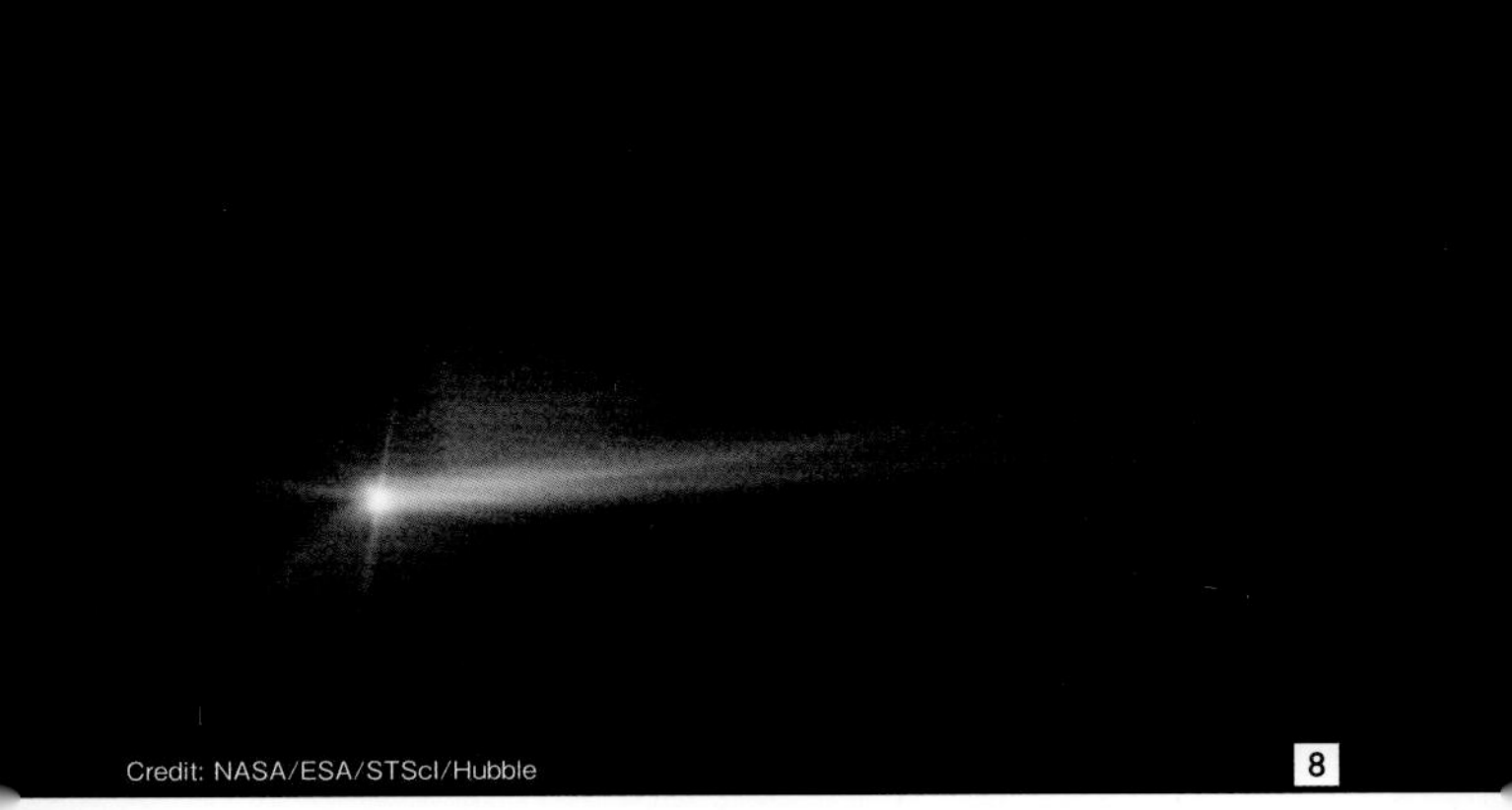

Credit: NASA/ESA/STScI/Hubble

8

広い宇宙に手を伸ばし、
宇宙の謎が少しずつ
明らかにされています。

9

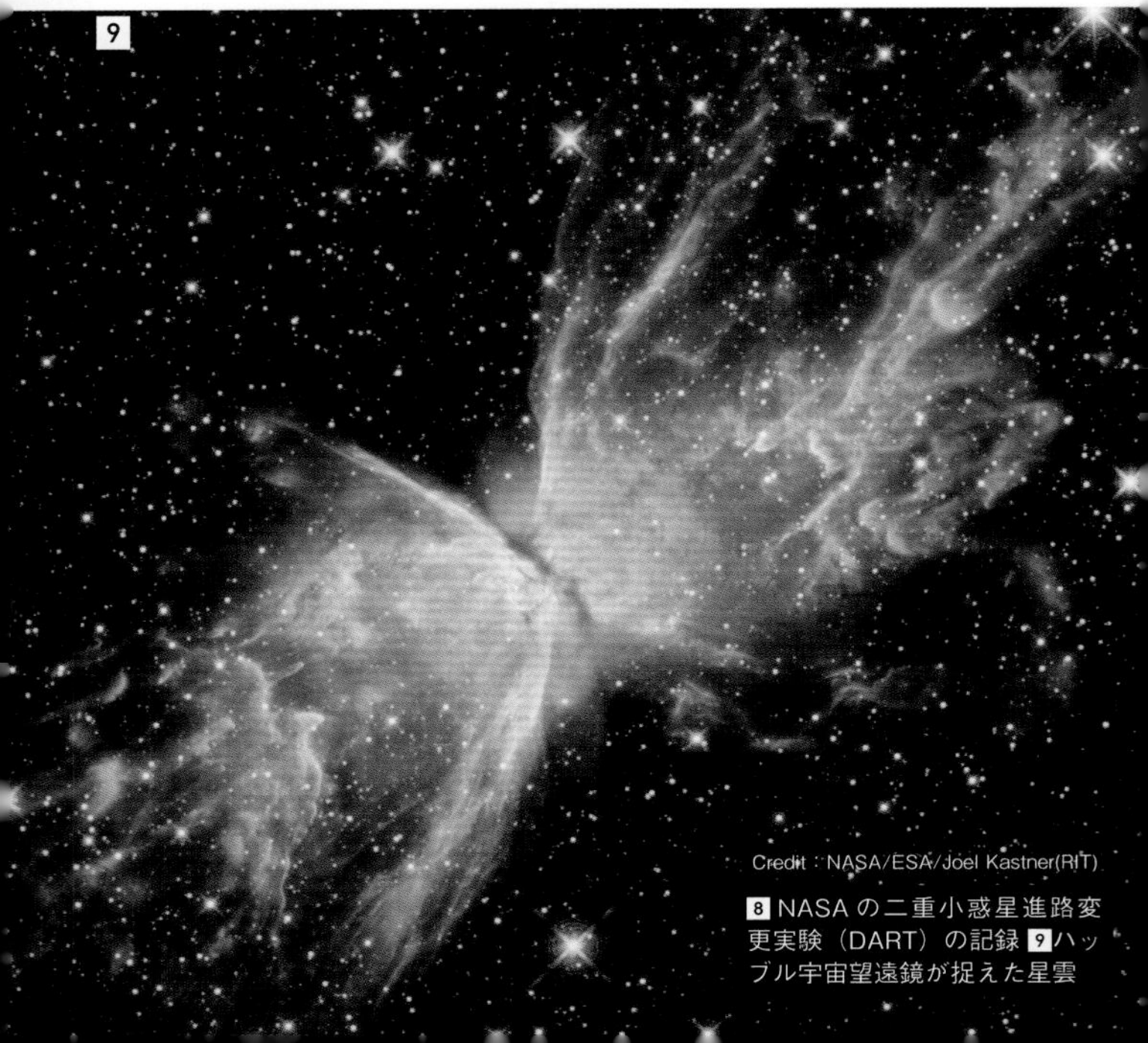

Credit：NASA/ESA/Joel Kastner(RIT)

8 NASAの二重小惑星進路変更実験（DART）の記録 9 ハッブル宇宙望遠鏡が捉えた星雲

北川智子
Tomoko L. Kitagawa

宇宙はなぜ面白いのか

ポプラ新書
261

Space for All : An Overview of the Space Revolution
By Dr. Kate Kitagawa

はじめに

2024年、日本では1月にSLIM《スリム》（小型月着陸実証機）の月面着陸、2月には再挑戦となったH3ロケットの打ち上げ成功とうれしいニュースが続きました。ドドドーンと打ち上がるロケットや探査機が月に降り立つという夢のようなミッションには、人々が応援したくなる魅力があります。

また5月には、世界各地でオーロラが観測されるとても珍しい現象が起き、美しい空の写真がSNSを賑わせました。オーロラが見られた原因は、太陽の表面で連続して起こった爆発「太陽フレア」だったと言います。太陽がフレアを起こすと、地球もその影響を受けるのだと広く知られるようになりました。

1960年代に遡《さかのぼ》ると、米ソが国の威信をかけて競い合っていた「宇宙開発競争（space race）」があったことは聞いたことがある方も多いかと思います。人類初の宇宙飛行をした旧ソビエト連邦（ソ連）のユーリ・ガガーリンや、アメリカのアポロ計画の6回のミッションで12人が月面に着陸した時代。米ソが鎬《しのぎ》を削っていた時代から、60年以上経ちました（ということは、アポロ計画による人類の月面着陸をリアルタイムで子どもの頃に見たという世代はすでに60歳を超える方々です）。紆余曲折を経て鋭意開発され、一世を風靡《ふうび》したNASA（アメリカ航空宇宙局）のスペースシャトルも2011年に引退しています。

宇宙飛行士の数は増えるばかりか、地球を周回する国際宇宙ステーション（ISS）には7人、多い時は11人の宇宙飛行士が滞在していますし、民間からの宇宙への旅行者も年々増えています。

そんな今、宇宙は限られた、選ばれた人たちのものではありません。研究や開発はその領域がぐんと広がり、医療や生化学の分野とのコラボレーションや商業化が進んでいます。

世界の宇宙産業の規模は拡大傾向にあり、アメリカのスペース財団（Space Foundation）によると、2022年に5460億ドル（1ドル＝150円換算で約81兆9000億円）となり、[※1]モルガン・スタンレーは2040年には1兆ドル（150兆円）以上になると予測しています。[※2]日本政府は、2020年の4兆円から、2030年代早期にはその倍となる8兆円とする方針を掲げています。[※3]

宇宙産業の発展は、産業革命や高度経済成長のように大きく飛躍する可能性があるところにきています。言い換えると、今、私たちは「スペース・レボリユーション」のまっただ中にいるのです。

これからみなさまを宇宙へとお連れします。ガイドとなる私は、2022年にJAXA（宇宙航空研究開発機構）に入ったのですが、それまでは宇宙とはあまり縁のない経歴を歩んできました。九州の高校を卒業した後、カナダの大学で数学と生命科学を勉強し、アメリカのプリンストン大学で歴史学の博士号を取得しました。ハーバード大学で日本史や数学の歴史を教えた後、イギリスのケンブリッジやオックスフォード、ドイツ、南アフリカ、アメリカのバークレーに住み、数学を題材にした世界の歴史を10年ほど研究していました。

宇宙にかかわり始めたのは、オックスフォードで新型コロナによるロックダウンを経験していた時に、リモートでロンドンにあるサイエンス・ミュージアムのスペース・ギャラリーのリニューアルを手伝うことになったことがきっかけです。

サイエンス・ミュージアムの現在のギャラリーは、米ソの宇宙開発競争がモチーフで、とても貴重なものがたくさん集めてありますが、これから数年かけて全て入れ変えるというのです。それは、「宇宙開発が進み、収集すべきものも、見せるべきものも変わったから」だと言います。

日々発展する宇宙業界は、もはや国対国という構図ではなくなり、たくさんの新しいプレーヤーが進出してきました。ギャラリーは、そのような多様なプレーヤーの活躍を反映させなくてはなりません。私も研究や開発をリサーチして、宇宙開発の歴史を辿っていきました。

するると、国の宇宙機関だけがメインプレーヤーではなくなったことで、協力や共創の場が広がり、イーロン・マスク氏のスペースXを筆頭に、民間企業が著しく成長している様子が摑めるようになりました。刻々と変わる宇宙業界のスピードを感じながら、今後のさまざまな宇宙ミッションについても調べました。

そして、コロナによる規制がなくなり始めた2022年2月、ロンドンから帰国しました。JAXAの宇宙教育センター長になることが公募で決まったからです。文系・理系の垣根を超えるSTEAM教育や学校教育の場でのデジタル教材の普及、海外からスピーカーをイベントに招くなど、宇宙に関する教育を国際化することを主眼に活動していく方針だったため、手を挙げました。

これから本書を通して紹介しますように、現在進行中あるいは計画中の宇宙ミッションには長期にわたるものが多く、子どもたちや、孫たちの世代にバトンを渡すことを見据えて計画されているものがたくさんあります。これから、宇宙を題材に科学やエンジニアリングの基礎を学ぶことが子どもたちの日常になっていくことが予想されます。

ＪＡＸＡの宇宙教育センターは幼稚園から大学生までと教育関係者を対象としていますが、一般の大人のみなさまにとってもやさしい宇宙の読みものがあると、宇宙についての理解が進み、子どもたちへも良い影響があるように思いました。そしてなにより、宇宙業界がめまぐるしく発展している現在、人工衛星をはじめ私たちの日常で使われている宇宙関連の技術が多くなったり、研究者でなくても宇宙に関連する仕事をするようになったりと、誰もが宇宙を知っておくべき時代になったように感じます。

現在は宇宙教育センターを離れ、ＪＡＸＡの東京事務所に勤務しているのですが、普段のＪＡＸＡでの仕事とは別に、一般の方に向けて教養としての宇宙を伝えるために、この本を書くことにしました。宇宙の入り口に立つ全ての方にお贈りしたいと思います。

おうちでも、カフェでも、電車の中でも、どうぞ気楽に読み進めてみてください。そして、大人同士でも、大人と子どもの間でも、宇宙を題材に話が盛り上がるようなシーンが、各地で見られるようになると幸いです。

ようこそ、宇宙というワンダーランドへ。

宇宙はなぜ面白いのか／目次

第3章　ロケットはどう進化しているのか　63

第4章　宇宙はどのように生まれたのか　91

第5章　「地球外生命」は本当に存在するのか　119

第6章　惑星探査の最前線では何がわかってきたのか　137

第7章 宇宙の環境と地球をどう守るのか 165

本書は、公知の情報をもとに、個人としての見方を反映したものです。JAXAの職員の立場で出版しているのではありません。JAXAの活動につきましては、別途、ウェブサイトなどでご確認ください。

第1章 探査機はなぜ最短距離を飛ばないのか

SLIMの月面着陸を30万人以上が見守った

日本から月面着陸に挑戦したSLIM《スリム》のことは、記憶に残っている方も多いのではないでしょうか。

2024年1月19日深夜、日付が変わって20日、0時20分頃に、SLIMは、着陸目標地点をめがけて、月面への軟着陸を試みました。

旧ソ連、アメリカ、中国、インドに続く5か国目の月面着陸成功なるか、と言われたSLIM。そもそもSLIMはSmart Lander for Investigating Moonの略称で、月の狙ったところに正確に着陸し調査するミッションです。今回のようにピンポイントで降り立つ技術の実証は、世界で初めてのことでした。

私もJAXAの宇宙教育センターに着任した時から応援してきたミッションで、月面着陸の夜は、広報チームの同時通訳として仲間に入れてもらっていました。SLIMの広報チームは、SLIMミッションがベースとするJAXA宇宙科学研究所（ISAS、通称・宇宙研）の科学者や大学院生から構成されており、管制室の前に広報配信ブースを作って、月面着陸を中継しました。日本語の中継は30万人以上、英語の中継も４万人ほどがライブ視聴し着陸を見守ったという記録的なものになりました。

管制室で見ているＳＬＩＭから送られてくる情報（テレメトリ）は中継画面にも映し出され、誰もが一緒にＳＬＩＭの様子を見守ることができるというリアルタイム中継でした。私が入れてもらった英語チームは３人。日本語の解説をできるだけ簡潔に英語で伝えるのが任務です。イヤフォンで日本語の解説を聞きながら、月面に降りていく画面上のＳＬＩＭの様子を見つめました。

ＳＬＩＭが月面に着陸した瞬間

ライブ中継を見ていた数十万人の方たちは、月面に向かってどんどん高度を下げていくＳＬＩＭをどのように見守ってくださったのでしょうか。英語チーム３人は肩を組んで、降下するＳＬＩＭの様子を凝視し、ひたすら無事を祈りました。

画面に表示される数字やサインを見ながら、「スリムは月面に到達したようです」という、とても慎重な日本語解説が流れた時、私も「It looks like... from the telemetry... SLIM is on the surface of the moon」とひと単語ずつ確認するかのように、英語アナウンスを続けました。

このあとに月面からＳＬＩＭが発するシグナルを管制室で受け取り、狙ったところに降りられたのかどうかなどをプロジェクトチームが確認した後、ＪＡＸＡの記者会見で、正式な「月面着陸」の成否がアナウンスされる段取りでした。つまり、放送をしていた我々も正式な分析、判断結果の発表を待っていたのです。

夜空に光る月に降り立つ。そんな夢をＳＬＩＭのチームは現実にしました。その瞬間の1年前、2年前、5年前、10年前。たくさんの試行錯誤を乗り越えて迎える、着陸の日。長年の苦労やさまざまな工夫、チームメンバーの才能と努力、さらにマネジメントからのサポートがあって、ＳＬＩＭがこの日を迎えたことは間違いありません。心から素晴らしいと思える歴史的瞬間に立ち会うことができました。

SLIMが月に到着するまで4か月かかった

ＳＬＩＭが打ち上げられたのは２０２３年9月。種子島からＨ２Ａロケットで勢いよく地球を飛びたちました。ロケットは、基本的に探査機や人工衛星などの宇宙機を行きたい場所へ運ぶ「輸送」という役割を担います。打ち上がってからしばらくすると、積んでいる宇宙機を切り離します。宇宙機は、備え付けられたエンジンで、燃料を節約するために工夫しながら飛び立ち、それぞれの行先へ宇宙空間を旅します。

打ち上げから4か月、ＳＬＩＭはどこにいたのでしょうか。すぐ月に着いたわけではないようです。図1を見てみてください。これは、ＳＬＩＭより早く、２０２３年8月23日に月に到着したインドのチャンドラヤーン3号の地球から月までの経路ですが、月に向かうまでに、地球や月のまわりを何度も回っています。

目の回るような曲線の連続に見えるかもしれませんが、ＳＬＩＭはさらに遠くまで離れ、ぐるぐると地球のまわりを何度も何度も回り、月のまわりも何度

も何度もめぐり、月面の目的地に向かったのです。[※a]

なんたる遠回りだ、どうしてそんなことを、とお思いになったかもしれませんが、実際にはたくさんの経路を検討して、このような極端にも見える遠回りの道のりが、燃費などとの兼ね合いも含め、総合的にそのミッションにとって最適なものとして採用されています。

月面着陸の様子を見守る場面では、このような経路を通ってきたことは見逃されがちですが、実はこのような複雑な遠回りにも見える経路を計画することは、宇宙ミッションの大事な基本ステップなのです。

月の南極に初めて着陸したチャンドラヤーン3号

チャンドラヤーン3号は、月の南極にあるクレーター（円形にくぼんだ地形）の近くに降り立ちました。月の南極、いわゆる「極域」（緯度85度以上の領域を指すことが多い）に着陸したという世界初の出来事です。極域には、太陽光が届かないクレーターがあり、暗く冷たいそのクレーターの中に水が氷と

図１　チャンドラヤーン３号の地球から月までの軌道

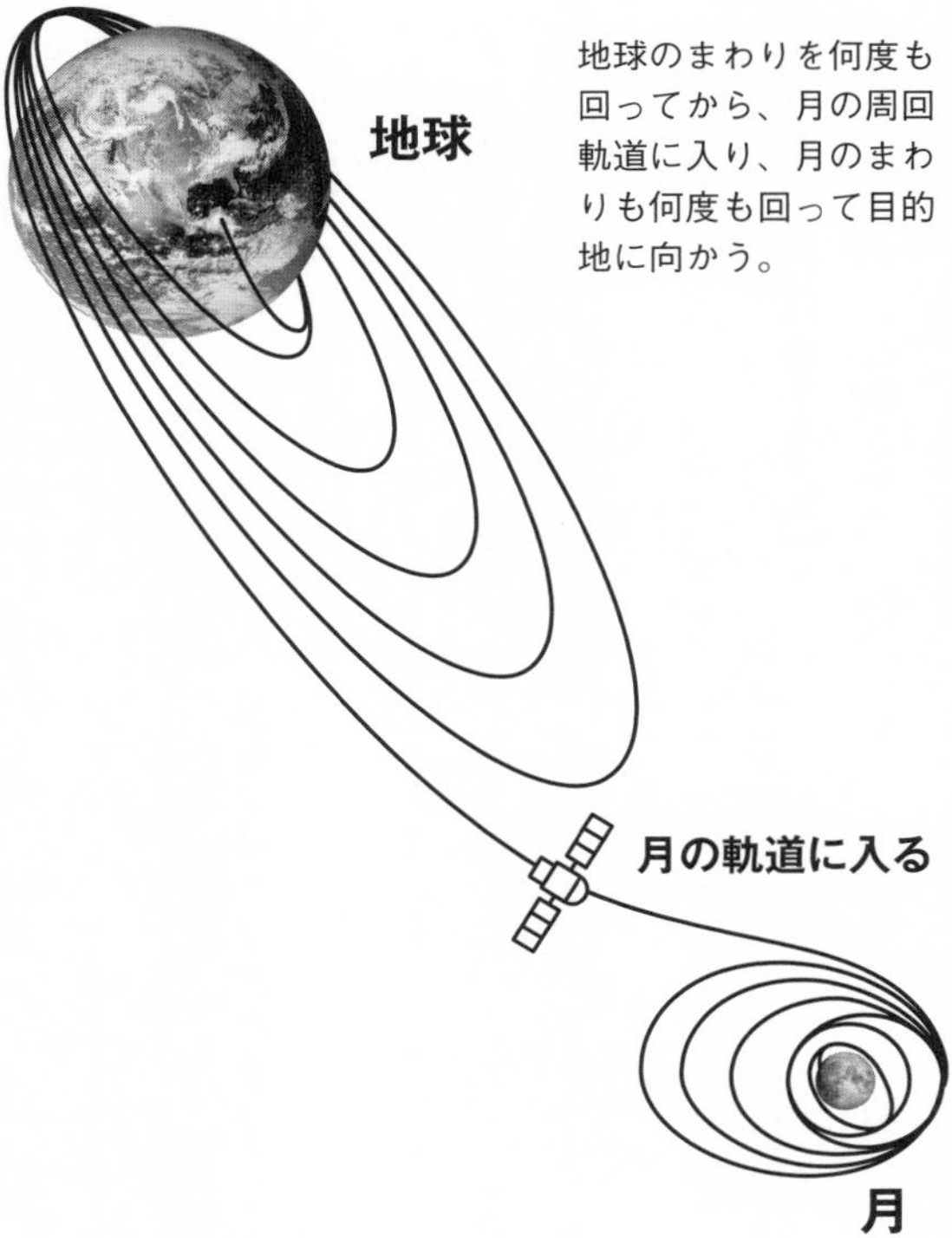
地球のまわりを何度も回ってから、月の周回軌道に入り、月のまわりも何度も回って目的地に向かう。
地球
月の軌道に入る
月

参考:Indian Space Research Organisation

して埋蔵されているのではないかという、氷の発見が期待されています。

ちなみにチャンドラヤーン1号は、２００８年に打ち上げられ、10か月かけて月の表面にある鉱物を分析し、月に水が存在するかを調査したことで話題になりました。その後に続いたチャンドラヤーン2号は、ローバー（探査車）の月面への軟着陸はかなわなかったものの、月のまわりを回るオービターは今も月を周回しながら、月面を観測しています。

2号の着陸失敗をすぐに乗り越え、わずか4年で3号の軟着陸成功と快進撃のチャンドラヤーン。チャンドラとは、ヒンディ語で月のことで、乗り物という意味のヤーナと組み合わせて、チャンドラヤーン。直訳すると「月の乗り物」という意味です。

探査機はなぜ遠回りの経路を選ぶのか

ではここで、探査機の経路を綿密に練らなくてはならない理由を考えてみましょう。ロケットから分離された探査機が月に直接向かう場合、地球の大気圏を飛ぶ飛行機とは違い、宇宙空間を進む探査機に空気抵抗はかかりません。しかし、まっすぐ進むには、まわりに働く力を突っ切っていく必要があります。まわりに働く力とは、一体何でしょう。

そう、重力です。地球や惑星などは、お互いの重力で引き合っています。一般的には「ニュートンの万有引力」として知られているものです。理科のクラスでは、万有引力の大きさは、惑星と太陽の距離の2乗に反比例し、惑星と太陽のそれぞれの質量の積に比例するという数式を習うため、複雑に聞こえたかもしれません。

万有引力の重要なポイントは、宇宙の全てのものにはお互いに引き合う力があるということです。ニュートンが木からリンゴが落ちるのを見てひらめいたという有名な逸話がありますが、地球上での現象を説明するだけではなく、太陽や月や星についても同様で、お互いに引っ張り合っているのです。

探査機はまわりの力をうまく使って進む

それを踏まえて、探査機の経路の話に戻りますと、どこにいてもまわりの天体が作りだす重力の影響があるので、行きたい方向に進むのはなかなか大変です。だからこの際、その力を有効に使って旅をしようという考えに則っているのです。

また、ありとあらゆる力を突っ切ってまっすぐ進みたい場合、進むための燃料が大量に必要になってしまいます。しかし、小さな探査機はそのような燃料タンクを持ち合わせていないため直接向かうのは不可能なのです。

さらに、あらゆる力を振り切って、ものすごいスピードで月に向かうことを実現させた場合でも、今度は月面近くでの減速が間に合わず、そのまま勢いよく月に突っ込んで衝突してしまうので本末転倒。

そのため、まわりにある力に逆らうのではなく、できるだけその力を使って、方向や速度を調整しながら月に向かうのが、月面着陸を目指す探査機にとってベストな選択となるのです。

軌道をうまくデザインする

このような経路を決める技術を軌道設計と呼びます。英語では、トラジェクトリー・デザイン（Trajectory design）と言って、トラジェクトリー、つまり軌道をデザインするという意味そのものです。ミッションの目的や規模によって最適なルートを決めるのですが、そもそも衛星や探査機に積める燃料には限りがあるため、まわりの天体の重力を使いながら進んだ方が、燃料をセーブしながら、最適な速度と向きで目的地に行けるのです。目的地まで時間がかかったり、遠回りなルートに見えても、それが最適な軌道として採用されます。

効率的に探査機を目的地まで届けるためによく使われている方法に「スウィング・バイ」というテクニックがあります。

図を用いてその仕組みをもう少し丁寧に説明してみましょう。たとえば、ある惑星に探査機が向かったとします。どんどん近づき、その惑星が持っている重力をより強く受ける位置まで進みます。そうすると重力により、近づいてきた時の向きが変えられることになり、惑星をくの字型に通り抜けることになり

図２　重力で探査機の方向が変わる

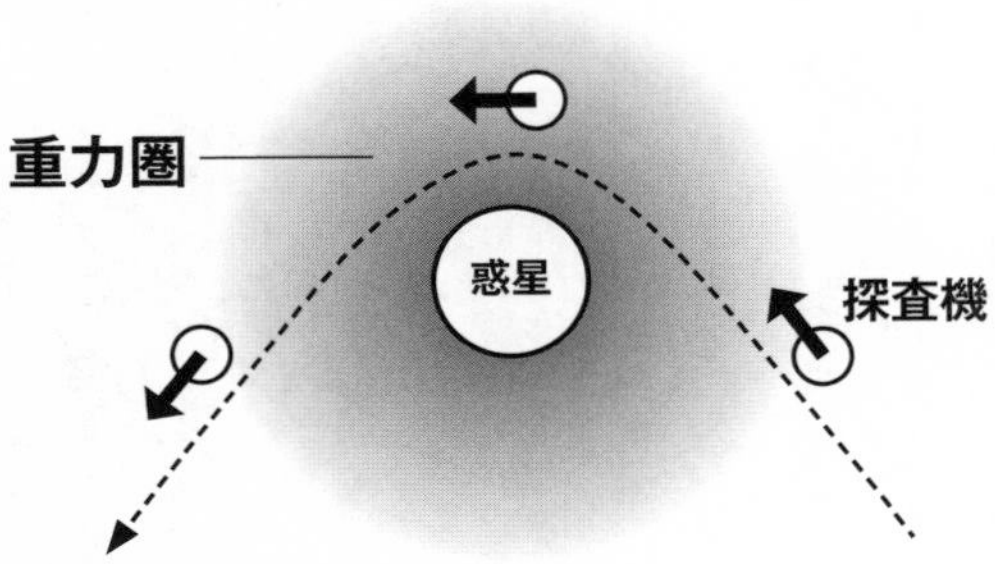

惑星の重力で探査機の進む方向が変わり、
惑星のまわりをくの字型に進む

ます（図２）。

しかし、現実には惑星も動いています。太陽を公転している惑星を思い浮かべてみてください。地球も、火星も、太陽のまわりを回っています。公転と同じ方向に探査機が進む場合は、惑星から公転のエネルギーをもらって、加速することができます。逆に、公転している方向と反対側に探査機が進む場合は、減速することになります。

水星のクレーターを観察した探査機マリナー10号

このスウィング・バイ技術を最初に使ったのが、NASAの水星探査機マリナー10号です。遡ること50年、1974年2月5日に水星より手前にある金星をスウィング・バイして、金星の重力を利用し、探査機を太陽のまわりを周回する軌道に乗せ、水星へ向かわせたのです。

考案者は、ジュゼッペ・コロンボ。彼のニックネームがベピだったので、ベピ・コロンボという名のほうが知られるイタリア出身の研究者です。彼がスウィング・バイをすることが可能だとする計算結果を発表し、探査機マリナー10号でその計算通りの運用をしたのです。

スウィング・バイをする時は、探査機が惑星に近づくことになりますので、その惑星の表面を観測することもできます。このような観測を目的としたスウィング・バイは、フライ・バイと呼ばれ、あえて惑星に近づいてその表面などを探査します。マリナー10号は、合計3回のフライ・バイを行い、水星の表面の様子を観察し、月にあるようなクレーターが水星にもあることを確認しました。

まわりの力を味方につけ、目標を目指す

スウィング・バイは、ブランコがスウィングするように、惑星や衛星のそばを通ってまた離れるということで、イメージしやすいかもしれません。スウィング・バイは、英語でグラヴィティ・アシストとも呼ばれるのですが、グラヴィティとは重力のこと。惑星などの重力に助けてもらいながら進むという意味です。つまり重力を使って、ちょうどいい速度で目的地に到達するように仕掛けるわけです。

スウィング・バイのように、遠回りをしているようで実際は目的地に辿り着くための後押しをしてもらうということは、探査機だけに限った話でもないようです。私たちが住む社会でも、日々いろいろな難題が立ちはだかり、金銭的な制限もあります。そんな中でも、高い目標を立て、そこに辿り着くには、どうすればいいだろうと考えてみてください。

目標が月のように遠く、しかも持ち合わせた燃料では到達が困難な場合であっても、まわりの力を使って方向や速度を調整することで、本来持っている燃料以上の力を得ることは、私たちの社会でもよくあることではないでしょうか。まわりの力には抗うのではなく、ありがたく助言をもらったり、プロジェクトに協力してくれる人を見つけたりする。時間をかけたり、意見を聞いたりすることで、自力では手が届かないと思っていた目標に達するのです。ものごとをできるだけ確実に目指している場所に持っていく作戦がスウィング・バイなのです。

軌道を考案する時には、宇宙空間の中でこのあたりを通っていくというチェックポイントのような、ターゲットになる場所が決められます。その地点で、エンジンを使って、姿勢や速度を調節したりするわけです。

私たちが目標に向かう場合にも、ちょうど重要な場面にある人がいて、その人に助けられたよ、という時がありますね。学生時代にはいろいろと教えてくれた恩師がいたかもしれないし、小さい頃からの親友はいつまでも心の支えであるかもしれない。大人になると、逆に自分が誰かを助けることもあれば、子育てをするかもしれない。あるいは、共同で立ち上げたプロジェクトに責任を持つかもしれないし、誰かの介護かもしれない。

私たちが、まわりの人とかかわり合うプロセスを経てこそ高い目標に辿り着けるように、軌道設計も、まわりにある力を味方につけることで、途方もないと思われた目的地に辿り着けるようになるのです。

ジョン・F・ケネディは「むしろ難しいからやる」と言った

さて、月に出かけていった探査機ＳＬＩＭとチャンドラヤーンを例として紹介しましたが、イギリスのＢＢＣは、２０２４年2月に『50年前よりも我々は月面着陸が下手になったのか？（Are we worse at Moon landings than 50 years ago?）』という短い動画をウェブ版に掲載しました。

統計をとると、１９７０年代に月面着陸を試みたミッションでは約20パーセントが失敗。一方で２０２０年代には、失敗する率が45パーセント近いというのです。どうして「50年前にできたことが今できていない」というニュースが出るのでしょうか。

そもそも、どうして月に行くことになったのでしょう。また、どうして今よりも簡単だったように思えるのでしょうか。

月へのアドベンチャーの原点ともなるアポロ計画について、1962年に当時アメリカ大統領だったジョン・F・ケネディは「We choose to go to the moon」とさあ月に行くぞという決意を込めた名文句を残したのですが、その演説はこう続きます。「not because they are easy, but because they are hard（簡単だからやるのではなく、むしろ難しいからやるのだ）」と。

つまり、アメリカは月面着陸を「難しいから」やってのけるのだという言葉が、当時の大統領が宣言した「オフィシャルな理由」として残されているわけです。アメリカという国が他国より、特に当時のソビエト連邦より優れている証として、人類にとって難しい月面着陸を遂行するミッションが、政府のフラッグシップ・プロジェクトとして選ばれたということなのです。

実際1960年代は失敗が続きました。1970年代の成功の影には、60年代の失敗があり、失敗から学んだ蓄積があったのです。

日本の民間企業も月面着陸を目指した

2024年3月現在、月面着陸には5か国が成功していますが、月面着陸は一回成功したから、さあ我もと次々にできるわけではないのです。まだまだ「難しい」技術として、現在も世界各地で格闘が続いています。

たとえば、日本の民間企業ispace（アイスペース）社のHAKUTO-Rは、2023年4月26日に月面着陸に挑戦しました。民間で初めて月面着陸に成功したアメリカの民間企業インテュイティブ・マシーンズ（Intuitive Machines）よりも前に、民間から初の月面着陸を目指したわけです。ライブでも中継があり、応援した方もいらっしゃるかと思いますが、着陸寸前のトラブルで、いわゆるハードランディングになって、軟着陸はかないませんでした。

またロシアは、旧ソ連時代に月面着陸に成功して以来47年ぶりに、月の南極付近へ向かう探査機ルナ25号を2023年の8月11日に打ち上げました。8月19日には月面着陸の軌道へ入るためにエンジンが噴射されましたが、その軌道投入の際に、通信が途絶えてしまいました。予定していた軌道に入れず月面に衝突したからだろうと言われています。

1970年代よりも月面着陸に失敗する理由

BBCの動画では、月面着陸に以前よりも失敗する率が上がっている理由を2つ挙げています。1つ目はできるだけ少ない資金で挑戦していること。2つ目は、これまでは国の機関のみが連綿《れんめん》と続いてきた技術をもって挑んでいましたが、最近は民間企業が独自に開発した技術で挑戦していることとしています。

ESA（欧州宇宙機関）の研究者であるマーカス・ランドグラフさんは、「着陸をどのようにこなすかによる」とメディアでのインタビューに答えています。

ロケットが地球から月に向かって行く時、月のまわりの軌道に入るまでは、毎秒2キロくらいの速さを保つのですが、月面に着陸する時は、次第に減速して、やさしく降りる必要があります。いわゆる軟着陸というものです。ロボットをリモートで動かしたり、ロボットに自律的に降りさせたりするのは、人がマニュアルで減速するよりも、技術的に難しいのです。

着陸する場所も変わってきています。以前よりも格段に難しい場所を選ぶようになっているのです。インドのチャンドラヤーン3号やアメリカの民間企業インテュイティブ・マシーンズは、月の南極に着陸しました。月の南極はとても暗く、表面からのダストが目隠しするかのように妨害するので、探査機が自動で障害物を検知して、減速しながらそれらを避ける仕組みを持っておく必要があるのです。

また、これまで月面着陸をした探査機は、地球から見えている月面への着陸でした。しかし、中国の月面探査機「嫦娥《じょうが》6号」は、24年6月2日に、地球からは見えない月の裏側に初めて着陸したと報道されました。月の裏側から岩や土壌などのサンプルを採取するミッションです。

人類は月に行くべきなのか

このように月面着陸は、失敗を重ねながらも、以前よりも難しい場所への着陸に成功しています。失敗は乗り越えるものだ、とここでもまた人生論のような話に戻るのですが、宇宙開発は失敗をうまく乗り越えなければ進みません。しかしそれは、宇宙開発に限ったことではありません。私たちの社会において、永遠とシェアされ続けている「失敗をしても諦めない」「失敗は成功のもと」という教訓。失敗は、ありとあらゆるプロジェクトに取り組む時に避けては通れず、失敗をどうにかして乗り越えようとする気合いや挑戦も、万国共通なわけです。

ただ、そうやって技術を競い合うことがニュースになっても、競争目的で多額のお金を使って月に行くのはどうかという疑問が出るのは当然です。人類が立ち向かっている国と国の境のない問題には、緊急の課題となっている地球温暖化や気候変動などがまず挙げられます。国同士で競うよりも、現在ある技術を使い、地球を観測する取り組みに集中し、地球規模の課題と向かい合うほうが有用だと思えます。私たちが体感しているほかに、地球にはどれほどのダメージがあるのでしょうか。地球観測は温度だけでなく、かなり広範囲で行われ、近年の発展は目覚ましいものがあります。

次の章では、宇宙開発の中でも、そういった地球観測などをしている衛星（サテライト）について見てみましょう。

第2章

衛星はなぜ地球のまわりを回っているのか

地球を観測する衛星

まずは、飛行機から地上を眺めているところを思い描いてみてください。上空から地表を眺めると、家が見えたり、丘が見えたりするわけですが、その地表を空から眺めているのがあなたではなく、ロボットだったら、というのが地球観測と呼ばれる取り組みの入り口です。

人間よりも、よく見える「眼」を備え、広い範囲を一気に俯瞰《ふかん》して捉えられる機械を搭載した観測のための衛星が、地球観測衛星と呼ばれるものです。何を調べるかによって搭載される機器は違うのですが、仕組みとしては衛星で地球上からの電磁波を受信して、温度や二酸化炭素濃度などの数値を調べます。人間が高いところに温度計を持って測りにいくのは大変ですが、衛星が地球のまわりをぐるぐると巡りながら数値を送ってくれるのであれば、ありがたい話です。

ちなみに電磁波とは、人間の目で感じる光（可視光）、赤外線、紫外線、X線、などといった「波」のことで、波長の違いによって種類が分けられます。

図３　地球のまわりを飛ぶ衛星たち

地表の温度や災害地の様子などを観測する地球観測衛星、通信・放送衛星、GPSなどを可能にする測位衛星などがある。

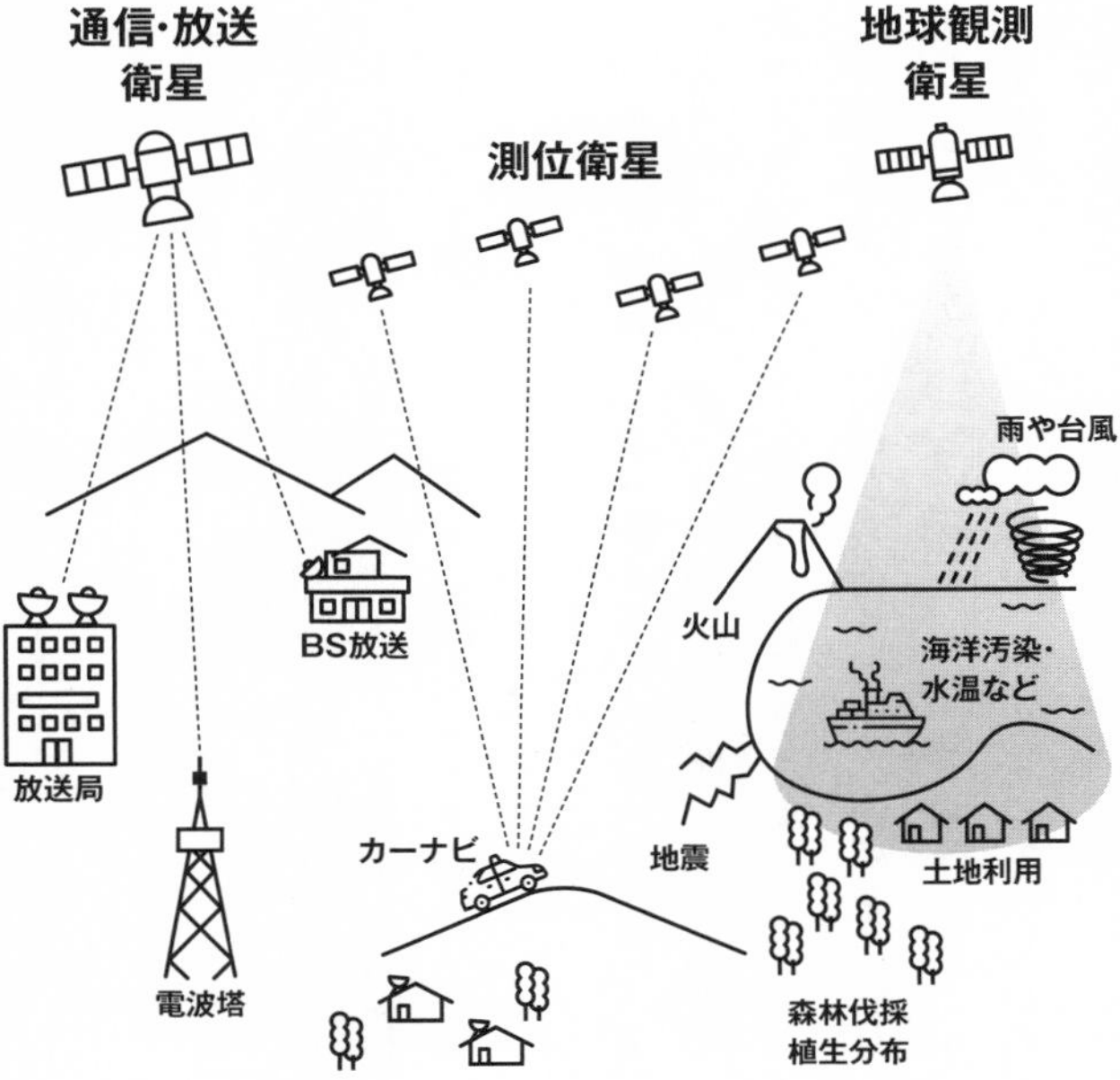

およそ全てのものは電磁波を出しています。宇宙の天体も同じで、これらの電磁波のいずれかを出していることが多いです。

さて、そもそも「衛星」とは、惑星のまわりを周回している天体を指します。わかりやすいものに、地球と月の関係があります。月は、地球の衛星です。人間が作った地球のまわりを回るものは、厳密には人工衛星と呼ばれることになりますが、今や衛星といえば、多くの場合、人間が作った地球のまわりを回る機械のことを指します。

衛星のひとつ「地球観測衛星」には、海や森、雲から反射する電磁波を捉える機能を持っているものがあります。地表面や海表面の温度を測り、統計を取り続けると、地球の状態やその変化を知ることができます。よく南極の氷が温暖化で溶けていると聞きますが、衛星から南極の海氷面積を観測し、その経年変化を知ることでわかるのです。

リモートで、つまり観測するものから離れてセンシング（測定する）技術を備えた衛星がたくさん上空に上がっています。これがリモートセンシングで、災害の時に近寄れない場所の様子も、上空からの観測で知ることができます。また、国土の詳細な地形図を持っていない国が地図を整備する際も、地形を測定するデータで補助することができます。

衛星が集めたデータを、より広い範囲で効果的に使っていこうとする動きもあります。日本のベンチャー企業である天地人は、衛星データを使って、土地評価のコンサルティングをしています。農業や漁業に限らず、不動産、エネルギー、流通、旅行など幅広い分野で、企業に情報を提供しています。

通信や放送のための衛星

地球を周回する衛星が飛ぶ高度は、地上２０００キロメートルより下の低軌道、約３万６０００キロメートルより上を飛ぶ高軌道、その間の中軌道があります。[※4]高軌道の中でも、赤道上空のおよそ３万６０００キロメートルの軌道は、静止軌道と呼ばれます。衛星が、この軌道上で地球を回ると、地球の自転の速度と同じペースで周回することができるので、地上から見上げると、いつもそ

図４　静止軌道と低軌道

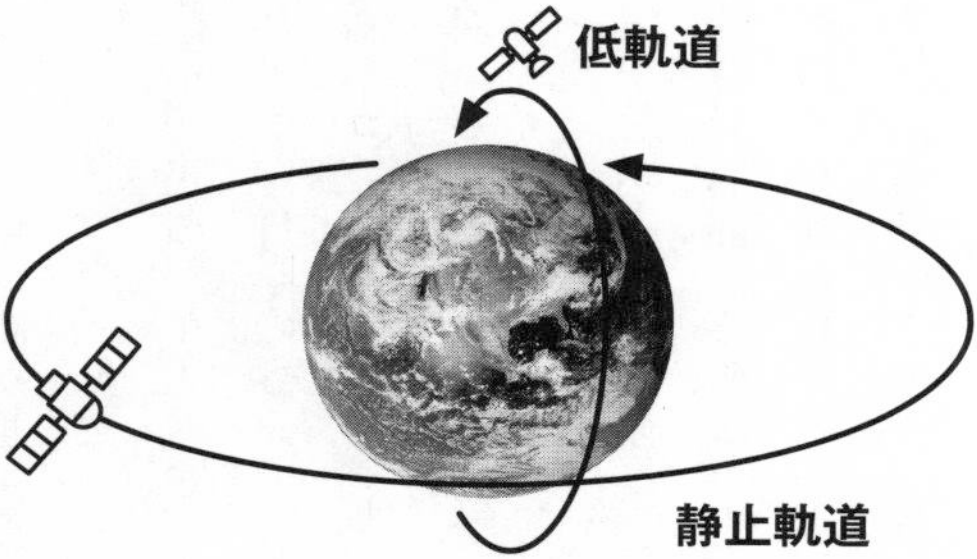

地球が自転する速度と同じ速度で地球を一周する静止軌道では、地球の同じ地点を常に観測することができる。

こに静止しているように見えるためです。

地表の温度や二酸化炭素濃度、災害地の様子などを観測する地球観測衛星は低軌道を飛んでいます。

一方、通信や放送のための衛星は、いつも同じ方角を飛んでいると、アンテナをそちらに向けることでデータの受信ができるので、静止軌道を飛んでくれると助かります。

また高いところなので、大気がなく、大気の抵抗による減速の心配をしなくてすみます。ただし、高く打ち上げなくてはならないので、初期コストがかかるという点と、赤道上の軌道であるため、高緯度の場所からはアンテナに届くまでに山や建物が邪魔になり、データが得られにくいことが弱点です。

宇宙空間はどこからか

ここで、ちょっと待って、宇宙というのはどこからなのか、という疑問も出てくるかもしれません。国際航空連盟（ＦＡＩ）によって定められたカーマン・ラインでは、高度１００キロメートル以上を宇宙空間としていて、日本もこの基準に倣っています（図５）。アメリカの連邦航空局（ＦＡＡ）では80キロメートル以上を宇宙空間としていて、ＮＡＳＡやアメリカ軍はそれより上の高度を飛行した場合、その機体に搭乗する全員に「宇宙飛行士のバッジ(astronaut badge)」を授与しているそうです。

一般に大気圏と呼ばれる範囲は、高度５００キロメートルを超えるのですが、私たちが「空気」と呼んでいるものがなくなるのは１００キロメートル上空、

図5　宇宙空間はどこからか

一般的には100キロメートルより上を宇宙空間と呼んでおり、人工衛星や国際宇宙ステーション（ISS）は宇宙空間を回っている。

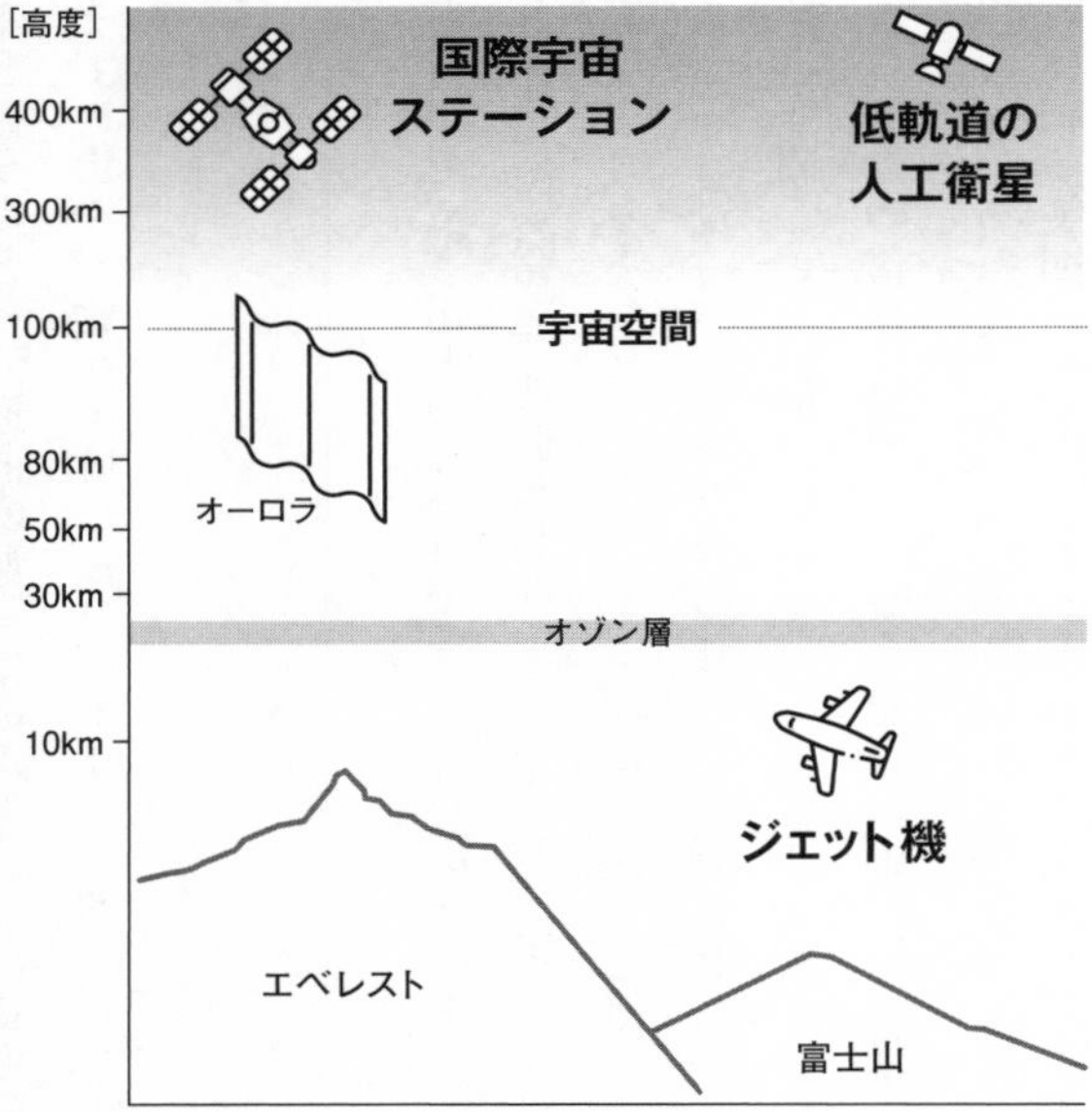

地球のまわりを回る国際宇宙ステーション（ISS）。Credit: NASA

つまり宇宙空間に入ったところです。

低軌道の衛星は、大気がある場所、つまり大気による抵抗もある高さを周回するので、エンジンを使って、高さを維持するよう調節することになります。２０１１年に完成した国際宇宙ステーション（ＩＳＳ）は、高度４００キロメートルなので大気圏内ではありますが、大気がほとんどない場所を飛んでいます（東京と大阪の間の直線距離がちょうど４００キロメートルぐらいです）。それでも、数週間に1回はエンジンで高度を保つように操作しなくてはなりません。

さらに上の800キロメートルになるとどうでしょう。全く大気がないようなところなので、一旦軌道に乗ればずっと地球のまわりを回ります。ただ重力や太陽光が及ぼす圧力などに対応するために、少しずつ軌道を修正する必要はあります。

未来の空を予測する衛星

衛星は、現在のことだけではなく、ある程度の未来のシミュレーションもできます。先ほど触れた地球観測衛星のひとつ、気象衛星が代表的なものです。たとえば気象衛星「ひまわり」はニュースでもおなじみかと思いますが、そのデータから私たちは細かな時間ごとの予測や、2週間先など長期の天気予報を知ることができます。

もともと「ひまわり」は、天気予報のためではなく、科学研究のための衛星でした。世界気象機関（WMO）と国際科学会議（ICSU）が共同で始めた

国立科学博物館（東京・上野）に展示されている「ひまわり1号」。現在観測データを送っているのはひまわり9号。（撮影：筆者）

地球大気開発計画（ＧＡＲＰ）のひとつで、１９６１年に国連総会がＷＭＯに衛星での観測を求めたのです。地球の大気循環の仕組みを知るためにデータを取ることがメインの目的でしたが、大気循環の仕組みを知れば、天気予報がより正確になることにも直結します。

ひまわりからの観測データは、２０１５年からオーストラリアにも提供されています。当初、オーストラリア気象庁が「ひまわり８号により衛星技術に大変革が起きた。言うなれば、白黒テレビがいきなり高解像度のカラーテレビになったようなものだ」と声明を出したほどで、オーストラリアが運用していた気象衛星に比べデータ量は50倍になったといいます。

6000機以上が連携する通信衛星

気象衛星ひまわりのように、単独で観測をこなしている衛星もあるにはあるのですが、たくさんの衛星を連携させ、広い範囲をカバーできるようにしたり、観測機能を増強したりする仕組みも開発されています。「衛星コンステレーション」と呼ばれるもので、魚で言えば群泳、鳥で言えば編隊して飛ぶイメージです。連帯を組んで飛ぶ衛星は1機よりも俄然力を出すことができます。

グループで活躍する衛星に、スペースXのスターリンクという通信サービスがあります。先ほどの気象衛星よりも、もっと低い軌道、つまり地球に近い軌道を周回しています。距離が近い分、地上との通信速度を速めることができます。

また、2機、3機、10機という規模ではなく、6000機を超える衛星が一斉に回ることで、これまでより広いエリアに通信を届けることができるのも特徴です。仮にひとつの衛星との通信が遮られても、近くの衛星がカバーできるようにしているため、安定した通信を提供できるのです。

この衛星で繋がれたネットワークの普及で、地上に通信用のアンテナを立て通信エリアを拡大させてきた時代は終わりを迎えます。スペースXが、現在日本を含む70か国以上を利用範囲として各国の通信ビジネス会社を取り込みながら通信エリアを広げているところです。今までは不便だった山間部や海上などで通信できるようになれば、人々の生活圏は広がります。ビジネスが進出できるオプションも広がりますし、過疎や過密といった問題への対策にもなりえます。

また、災害が発生した時など、通常の通信インフラが使えなくなった場合に、個人の携帯電話から衛星と直接情報をやり取りできるようにする計画もあり、非常時に備えることも開発の方針に反映されてきています。

こうしてさまざまな衛星を見ていくと、衛星を持つことで、私たちの生活を支える通信インフラが整えられてきたことがわかります。今や、携帯電話なしに、GPSなしに生きていこうとすれば、かなりの不便さを感じますよね。

2024年4月現在、世界で運用中の人工衛星は約9000機です。地球にとって必要な情報を得たり、地球での生活をより円滑に進めたりすることに貢献する意味合いが、宇宙業界では強まってきているのです。

1辺が10センチの超小型衛星も登場

ひまわりが大きくて重たそうな見かけであるように、衛星は数百億円を投入して開発されるものが一般的でした。しかし、そのような巨額・巨大なものを作り続けるわけにはいきません。難しいことをやってのけて国威を示す時代は冷戦とともに一旦は終焉を迎え、1990年代になると、より小さく、より速く、より安くという風潮が顕著になり、開発期間も短縮できる小型衛星が注目され始めました。

１９９９年にアメリカのカリフォルニア州立工科大学とスタンフォード大学でコンセプトが提唱されたキューブサット（CubeSat）は、[※5] １辺が10センチを１つの規格とした小さな衛星です。安価なだけでなく、その規格の定義がなされたことから、世界中で作られるようになりました。

コンセプトの提唱から実際のモデル作りまで、研究開発はぐんぐんと進み、東京大学と東京工業大学の研究室もキューブサットを開発しました。２００３年６月30日、東京大学・中須賀研究室のXI-Ⅳ（サイ・フォー）と東京工業大学・松永研究室のCUTE-1（キュート・ワン）は、ロシアのロケット、ロコットに積まれ、キューブサットとして世界初の打ち上げに成功、軌道上で通信を確立しました。キューブサットは、ピギーバック（相乗り）の衛星としてロケットから打ち上げられたり、ＩＳＳまで無人宇宙補給機で運ばれ、そこから軌道上に放出されたりしています。

小型衛星が登場したことで、これまで宇宙開発にかかわりが薄かった国が、最先端の計画に携わることが可能になりました。たとえば、フィリピンは、北

日本とフィリピンが共同開発した衛星DIWATA-1が国際宇宙ステーションから放出される様子。Tim Peake宇宙飛行士がISSにて撮影。Credit:NASA

海道大学と東北大学と共同で地上を観測する衛星を開発しました。フィリピンには台風が多く、その被害の把握には、衛星からの観測が適しているため、フィリピン語で妖精という意味のDIWATA-1とDIWATA-2を8億円の予算で開発することになったのです。

フィリピンの科学技術省から若手エンジニアが来日し、開発と製造に携わりました。その衛星は、2016年にISSの日本実験棟「きぼう」から放出され、軌道に乗せられました。3メートルほどの大きさであれば見分けられる精度のデータが得られ、宇宙開発の平和的協力の例にもなりました。

高校生が主体となって作った超小型衛星も宇宙へ

数キログラムの衛星は１０００万円以下で作れるようになりました。特にシンプルで、ローコストを極めた場合、50万円以下でも作れるという実績のもと、世界各地で研究が進んでいます。

キューブサットは、研究だけでなく、学習教材としても使われるようになり、日本でも高校生がキューブサットを作る体験をしました。Clark sat-1（クラーク・サット・ワン）と名付けられた超小型衛星の重さは、おおよそ０・94キログラム。学校法人創志学園クラーク記念国際高等学校において、東京大学大学院工学系研究科と日本の民間企業Space BDがともに行った宇宙教育プロジェクトです。２０２１年よりアークエッジ・スペースの協力を得て、キューブサットの開発に着手、23年３月に完成しました。

プロジェクトに参加した高校生たちは、衛星のミッションを策定する検討会から始めました。人工衛星の開発の全般を学べるよう、専門家である中須賀真一先生からのレクチャーを含め、キューブサットの開発に関連した知識を包括的に学習カリキュラムにまとめたSpace BDが、衛星開発の進捗に合わせて生徒に教材を提供しました。

スペースXのロケットで同年11月10日に打ち上げられ、ISSの日本実験棟「きぼう」から12月18日に宇宙に放出。無事に周回軌道に辿り着き、地球のまわりを回り始めました。衛星としては、地上との通信が成り立つかどうかが重要ですが、高校生自身がアマチュア無線の免許を取得し、同校の校舎から衛星と通信することもできました。材料費や設計によって衛星を作るコストが下げられたため、学生たちが衛星の打ち上げを教材として学べるほどになっているのです。

また小学生や中学生も含め、居住地や学校が違う生徒が主体となる世界初のジュニア衛星プロジェクトe-kagaku Satellite Projectも日本で進んでいます。

実験用の超小型衛星が完成し、作製や打ち上げの費用をクラウドファンディングで募集したところ、目標の１０００万円よりも多くの資金が集まったと報告されています。

気象衛星「ひまわり」から高校生が主体となって作った超小型衛星まで、本章では、さまざまな衛星を見てきました。次の章では、衛星などを打ち上げる輸送の手段、つまりロケットについてお話ししていきたいと思います。

第3章　ロケットはどう進化しているのか

H3ロケットの打ち上げ

宇宙といえば、やはりロケットが連想されることが多いものです。

「10、9、8、7、……3、2、1、リフトオフ！」

カウントダウンで盛り上がるロケットの打ち上げは、一大イベントとして、YouTubeやニュースで中継されるので、ご覧になったこともあるかと思います。

日本には、JAXAのつくば宇宙センターや相模原キャンパスをはじめ、ロケットを間近で見ることができる場所が多数あります。ロケットの射場としては、2024年春の時点で、鹿児島県の種子島、内之浦、北海道の大樹《たいき》町、そして和歌山県串本町のものが運用されています。

その射場のひとつである種子島宇宙センターから、2024年2月17日にH3ロケットが打ち上げられたことを覚えていらっしゃいますでしょうか。私も関連業務のため現地入りし、ロケットの打ち上げを見守りました。

その日は、鹿児島の港から日の出とともに出発する高速船に乗り込み、種子島宇宙センターの観望台に向かいました。

打ち上げ予定時刻から20数分ほど前に、射場の近くで小ぶりのバルーンが放たれるのが見えました。これは風の強さや向きを測っているもので、その計測値が想定内であれば打ち上げはGoとなり最終調整を行います。ここで風が想定より強すぎても、弱すぎてもNoGoになるのです。また、雷が発生しやすい雲が近くにあったりする時もNoGoになります。天気次第では、最後の最後まで打ち上がるのかわからず、管制室では最後まで綿密な調整が続き、まわりは応援の気持ちを込めながらひたすらGoのアナウンスを待つスタンバイ状態になります。

カウントダウンとともにメインエンジンに点火

観望台では、音声による打ち上げのカウントダウンが3分前の180から始まり、射場が見やすい場所にヘルメットを被《かぶ》って移動しました。打ち上げ時刻までに全ての条件が整い、全てのシステムが正常に動いているか確認できれば、カウントダウンとともに、メインエンジンに点火されます。

射場に程近い観望台でも、ひととおりのチェックがなされていく様子が、日英交互のアナウンスで流れました。順調に進むと点火され、ロケットが空に向かって飛び立つこととなります。「Lift Off（リフトオフ）！」という宣言とともに、ロケットは、自身の重さを押し上げるかのように、上に昇ります。

その朝、ロケットは、アナウンスが聞こえなくなるくらいの轟音を立てながら、最初は真上に上がりました。観望台では音とともに振動を感じます。ドドドド、ダダダダと、体が揺れるくらいの振動が伝わってきました。

上に上がれば上がるほど、燃料が消費されロケット自体が軽くなっていくものの、今度は速度に2乗する値の大気の抵抗を押しのけて進まなくてはなりません。大気抵抗がピークになるMax Q《マックスキュー》と呼ばれる付近で、風などの影響でロケットの姿勢が崩れないかが重要です。その後は、姿勢を調節しながら、徐々に向かう方向に合わせていくように、まだかかっている重力を使いながらロケットがだんだん倒れていくように計算しておきます。

ロケットが進む進路を決定する時には、載せている衛星や探査機、観測機などが何を目的にしているものなのか、どの軌道へ行きたいのかによって、経路は異なってくるのですが、ここでは、仮にロケットに衛星を積んでいく場合を考えてみましょう。

ロケットを打ち上げる方角はいろいろ

衛星は、ロケットの上部に位置するフェアリングという部分に搭載されます。上空で大気が十分に薄くなり、衛星を外部の振動や熱から保護する必要がなくなった時に、フェアリングが開き、衛星をタイミングよく放出するように計算しておくのですが、ロケットも衛星も積める燃料は限られています。どこまでをロケットで運び、いつどの向きで衛星を切り離すのかを、時間とコストの両面から考えるのが、第1章で説明した軌道設計の研究者（ミッション・デザイナー）さんたちです。

衛星を積んだロケットを種子島宇宙センターから打ち上げ、東に向かってロケットを打つ場合を考えてみましょう。ロケットは最初、射場に垂直にセットしてありますから、出発時の東に向かう速度はゼロです。しかし、地球は自転によって西から東の向きに動いているので、その自転の速度が出発時に加わると、速度ゼロから出発するよりも有利になります。さらに自転の速度は、赤道に近いほうが高緯度の地点よりも速いので、自転の速度による効果を加味して、東にロケットを打つ時の射場は赤道に近いところが選ばれてきました。

実際、ロケットの開発の歴史を辿ると、東に打って、自転の力を打ち上げ時に借りる方法が多かった時代がありました。しかし、近年は地球の北極・南極上空を通過し、南北に回る極軌道に衛星を打ち上げることも増えてきています。その場合には、発射の時に東に向かう速度があるとむしろ不利になりますので、直接南に打ちます。射場も赤道に近い方が必ずしもいいわけではなく、高緯度の地域が選ばれることもあります。

ロケットは人が住んでいない場所の上空を飛ぶ

種子島から直接赤道の上空まで向かおうとする場合、真南の方向にロケット

図6　ロケットの基本的な構造

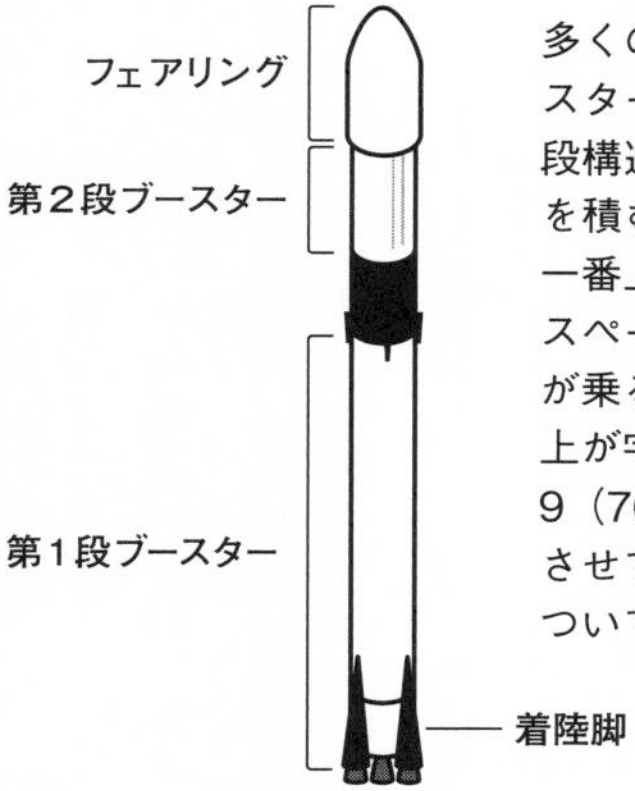

多くのロケットは、第1段ブースターと第2段ブースターの2段構造で、機体の大部分は燃料を積むスペースとなる。衛星は、一番上のフェアリングを被せたスペースに載せる。宇宙飛行士が乗る有人輸送の場合は、一番上が宇宙船となる。ファルコン9（76ページ参照）は、着陸させて再利用するため着陸脚がついている。

が進む必要があります。しかし、種子島の南には人が住む島々があります。ロケットを打ち上げるための燃料を積んでいた第1段ブースターやフェアリング（図6）は、ロケットから切り離して、あらかじめ計算した場所を狙って落としているので、落ちる場所は人の住んでいない場所になります。

島や人家がなるべくない場所、漁船がなるべくいない場所が経路として選ばれます。もしも何かしらの不具合があり、破壊司令を出してロケットを爆発させなくてはならない事態になった時も同様です。破片などが落ちる際に影響が一番少ない場所を、射場や経路として選んでおきます。

そのような地理的要素を踏まえ種子島から打ち上げる場合、いきなり真南には進まず、まずは東に進んで、海の上空で南に進路を変えます。これがドッグレッグターンと呼ばれる、軌道修正の技術です。

雲のない晴れた日には、種子島の観望台から、フェアリングが落ちるのが見えることもあるそうですが、大体の場合、ロケットが上昇し、姿勢を倒しながら遠くの東の空へ消えていくのを見送るところまでになります。その後、ロケットが管制室に送る高度や速度の情報を元に、エンジンの出力やロケットの先端の方向を調節しながら進む様子を画面上で追うことになります。

現場のアナウンスでは、ロケットを追尾する追跡所の名前が打ち上げ後すぐに流れ始めます。そのくらい早い段階で射場から離れた追跡所からの情報に切り替わり、ロケットはぐんぐん進んでいくのです。打ち上げから1分を超えると、ロケットは視界からかなり遠ざかっていきます。

図７　静止軌道に向かう衛星の経路

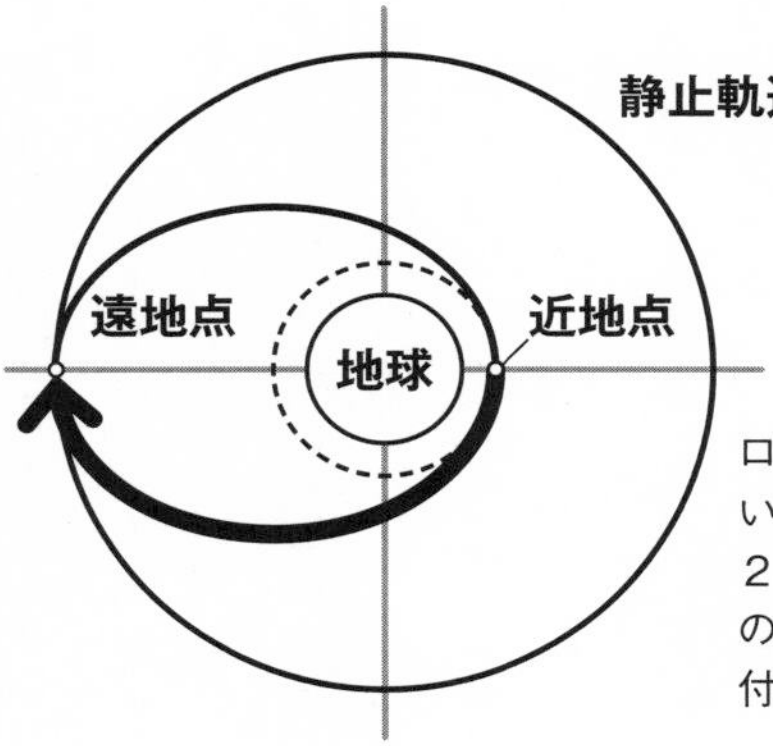

ロケットは、まず地球に近い破線上を回っていて、第２段ブースターのエンジンの再始動で加速して近地点付近で衛星を切り離す。

どのように衛星を軌道に乗せるのか

それでは、ロケットは衛星をどのように軌道に乗せるのでしょうか。低軌道に入る衛星の場合は、衛星が地球に落ちずに地球を周回できる速度（第１宇宙速度）に達するのが条件で、ロケットがその速度（およそ時速２万８０００キロメートル）になると「衛星分離」がなされます。この速度は、弾丸や音より速いので、その速さ、スケールの壮大さこそがロケットの魅力ともいえます。

地球のまわりをちょうど24時間かけて回っている周回軌道、つまり静止軌道に乗せる場合はどうでしょうか。第2章でもお話ししましたように、静止軌道とは地球の自転と同じスピードで、地球のまわりを回ることができる円軌道のことです。図7を見てください。

ロケットは、まず図の破線上で地球のまわりを回っていて、第2段ブースターのエンジンの再始動によって加速し、第1宇宙速度よりも速いスピードとなり、近地点付近で衛星を切り離します。そこから衛星は自身のエンジンを使って静止軌道に向かいます（図7の太線の矢印）。

分離された衛星は、地上との通信を確立し、発電のために太陽電池パドルを広げ、衛星本体についているエンジンを使って飛ぶ姿勢を整え、安定させます。その後、少しずつエンジンを噴射して、最適な軌道に乗るように調節します。

静止軌道に衛星を乗せる方が、ロケットに高度な技術や多くの燃料が必要となりますが、衛星は比較的スムーズに軌道に入ることができます。ロケットがどこまで衛星を運ぶのかはその都度決められており、ロケットが経路の大半を担うことで、衛星の燃費や負担が軽くすむため、現在は、もっと効率がいい軌道投入の方法が考案されており、輸送サービスとしてロケット打ち上げのビジネスも注目され始めています。

宇宙ゴミをどうするか

ここでひとつ問題が出てきます。衛星を切り離したロケット自体も、地球のまわりの軌道を回り続けてしまうと困るのです。衛星も軌道を回り続け、運用が終わった後も、宇宙ゴミ（デブリ）として残ってしまいます。

そのため、役目を終えたものは、地上からの指令で、低高度に軌道が修正され、大気圏に突入して燃え尽きるように作られるようになってきています。大気圏に超高速で再突入すると、空力加熱といって、ロケットや衛星はものすごい勢いで前方の空気を押しつぶします。その押しつぶされた空気中の分子同士が、激しくぶつかり合い、高い熱が発生して、大抵の場合は燃えてしまうので、宇宙ゴミにならずにすみます。ただ静止軌道を周回する静止衛星は、地球から遠く離れたところを飛んでいるので、大気圏に再突入することが不可能な時があります。その場合は、静止衛星の周回軌道よりも200〜300キロメートルほど高い、通称「墓場軌道」に移動させることもあります。

地球に近い、低軌道を周回する人工衛星は、現在のところ25年ルールというものがあり、運用終了から25年以内に大気圏に再突入するようになっています。さらにアメリカは、2022年に、24年9月30日以降に打ち上げる衛星は、その期間を5年以内にすると期間を大幅に短縮しました。

しかし中国の長征《ちょうせい》シリーズのロケットの中には、大気圏への再突入を試みた時に、ロケットの部品があまりに大きいため燃え尽きず、2020年にコートジボワールで、落ちてきた部品により家屋が損傷したという報告がありました。2022年には、再突入する部品がどこへ落下するかわからない状態で打ち上げをして、コートジボワール、モルディブ、フィリピン、メキシコ湾あたりで落下物が発生する懸念もありました。

家畜の糞尿《ふんにょう》からロケットのエンジンをつくる

ロケットのエンジンも日々、改良を重ねています。2024年3月13日に和歌山県の串本町から打ち上げられたスペースワン社のカイロスは、日本初の民間企業単独で打ち上げられたロケットでした。小型の人工衛星を打ち上げるための小型ロケットで、生産数、打ち上げ数を多くしようという考えがあってのことです。

残念ながら最初の打ち上げは、5秒後にロケット自体の制御装置が異常を感知して爆破の指令を出し、上空で爆発する様子がライブ中継でも流れました。まだロケットが肉眼で見える位置での空中大破ですから、関係者はもちろん、ライブで見守った人も現場に応援に来ていた人たちもショックが大きかったようです。

このスペースワンという民間企業は、メタンエンジンをロケットの上段に据えるように開発を進めていると発表しています。基本の構成は、固体燃料3段式ですが、液体推進系の「キックステージ」と呼ばれる、衛星の投入軌道を調

整する機器を備えているのが特徴です。また、北海道に拠点を置くインタース
テラテクノロジズでも、燃料に家畜の糞尿から製造した液化バイオメタンを使
う研究がなされています。日本のロケット開発では、固体と液体の燃料の両方
の研究が進んでいるのです。

水平に飛んだ「ペンシル・ロケット」

ここで少し時代を遡って、日本初のロケットについて紹介しましょう。日本独自のロケットの実験が行われたのは1955年、終戦から10年が経った頃のことです。「日本の宇宙開発の父」と呼ばれる糸川英夫が中心となり開発しました。

最初のロケットは持ち歩けるほど小さなサイズのもので、全長23センチメートル。「ペンシル・ロケット」と呼ばれました。しかも驚くことに、ペンシル・ロケットは、上に飛ぶものではありませんでした。

上に飛ばないのにロケットなのか？とお思いかもしれませんが、水平に飛ぶ

仕組みにしたのには理由がありました。仮に高く飛ばせたとしても、その性能を確かめる観測の技術がなかったため、打ち上げるだけで終わってしまいます。しかし、研究者たちはそこで諦めませんでした。まずは水平に飛ばして、飛んでいる間の様子を観察し、実験を重ねたのです。

リサイクルできるロケットも登場

日本でペンシル・ロケットを水平に飛ばしていた時代からおよそ70年経った現在、H3という大型のロケットを打ち上げられる技術を得たわけですが、ロケットのリサイクルは日本ではまだ大きな課題と言えるでしょう。

アメリカのスペースXは、部分的にリサイクルできるロケットの開発に成功しています。もともとリサイクルしようというアイデアのもと開発されたのがNASAのスペース・シャトルでしたが、費用がかさんで中止になったため、その後は使い捨てのロケットばかりが打ち上げられてきました。その経緯や難しさを考えると、スペースXは技術的に大きな進歩を遂げているのです。

実際、どの部分がリサイクルされているのかと言いますと、打ち上げの後に、第一段ブースターが切り離された後に海上に戻ってきて、再利用できるようになりました。ファルコン9という大型ロケットの場合、第1段ブースターに加えて、フェアリングも再使用できるように開発が重ねられました（図8）。

そして現在スペースXが開発中のスターシップというロケットは、機体の全てを再利用することを目指しています。飛行機が何度も繰り返し旅客や物品を運搬しているように、ロケットも完全に再利用する時代に突入しようとしているのです。

打ち上げ数でも、スペースXに勝る国や企業がないという勢いです。2023年の全世界の打ち上げ数は212回で過去最高となったのですが、その5割弱をスペースXが占めています。[※6] 国別で見ると、108回（うちスペースXが96回）のアメリカに次ぎ、中国が68回と、3位のロシア（19回）を引き離しています。インドは7回、欧州は3回、日本と韓国は2回でした。[※7]

またスペースXは、打ち上げと打ち上げの間隔が最短で4時間を切るほど、

図８　ファルコン９のリサイクルの仕組み

ファルコン９は、第１段ブースターとフェアリングが戻ってくるため、再使用することができる。スペースＸが現在開発中のスターシップは、機体全てをリサイクルできるよう開発を進めている。

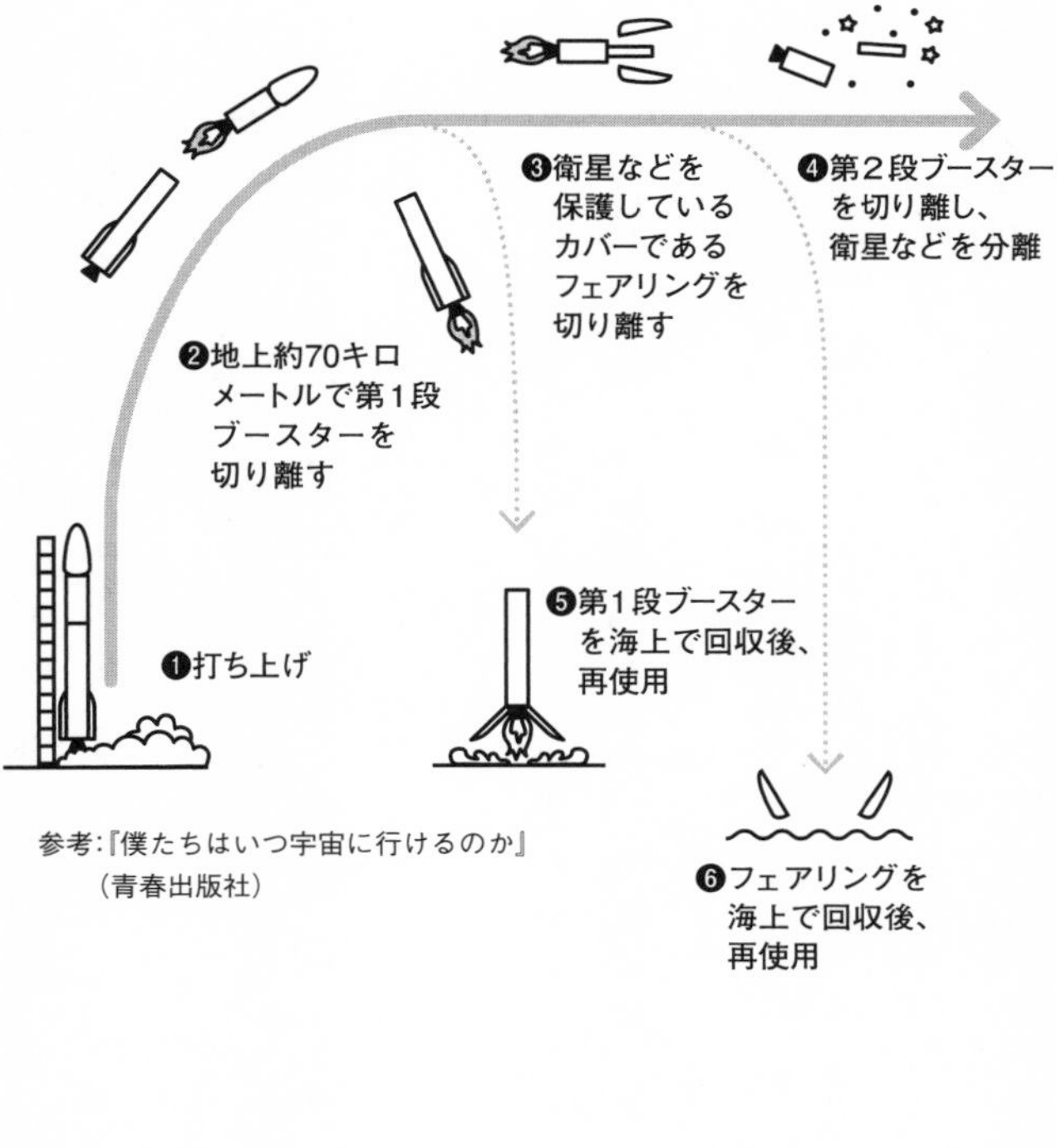
❶打ち上げ
❷地上約70キロメートルで第１段ブースターを切り離す
❸衛星などを保護しているカバーであるフェアリングを切り離す
❹第２段ブースターを切り離し、衛星などを分離
❺第１段ブースターを海上で回収後、再使用
❻フェアリングを海上で回収後、再使用

参考:『僕たちはいつ宇宙に行けるのか』（青春出版社）

頻繁に打ち上げができるようにもなっています。輸送の技術では、リサイクル方式の導入も含め、現在、群を抜いてトップを走る企業です。

宇宙飛行士を乗せる宇宙船

ここまでは、衛星を載せるロケットのお話をしてきましたが、ここからは国際宇宙ステーション（ISS）に宇宙飛行士を連れていく有人宇宙船とそのロケットを紹介したいと思います。

ISSは、400キロメートルの上空に建てられたサッカー場ほどの巨大な実験施設で、2011年に完成しました。実験や研究を行うための「実験モジュール」や宇宙飛行士が暮らす「居住モジュール」、電力を作り出す「太陽電池パドル」、船外での作業に活躍する「ロボットアーム」などがあり、日本を含む15か国が協力して計画を進め、利用している宇宙活動の拠点です。

2024年3月までISSに滞在していた古川聡宇宙飛行士が乗ったのはスペースXのクルードラゴン宇宙船運用7号機（Crew-7）でした。日本人宇宙飛行士は、これまでもアメリカのNASAのスペースシャトルやロシアのロスコスモスのソユーズ宇宙船などに搭乗してきました。

米国フロリダ州にあるケネディ宇宙センターから発射されたクルードラゴンを搭載したファルコン9は、およそ30時間をかけてISSに向かいます。ISSは上空400キロメートルの地球周回軌道を回っており、およそ時速2万8000キロ、新幹線の100倍近くの速度で、約90分で地球を一周しています。そのようなスピードで動いているISSにドッキングし、ハッチを開いて、中に入るのです。そして、帰る時も留めておいたクルードラゴンに乗り、フロリダ州沖にスプラッシュ・ダウン、パラシュートを開いて宇宙船ごと着水します。有人輸送でも、スペースX社が群を抜く技術力を誇っています。

ボーイング社も、新型宇宙船スターライナー（巻頭カラー写真7）の開発を進めています。幾度もの修正を経て、2024年6月6日、大型ロケット「アトラス5」に搭載され、NASAの宇宙飛行士2人を乗せてISSへ向かいました。スターライナーは円錐型の司令船と円筒形の機械船がつながった構造で、司令船の部分が再使用されるように設計されています。スペースX社のクルードラゴンは海上に帰還しますが、スターライナーはパラシュートとエアバッグを開いて陸上に帰還するという違いもあります。

先ほどロケットのリサイクルのお話をしましたように、打ち上げるコストが低くなることは、宇宙開発において大きな前進となります。ロケットが飛んで、部品を回収してまた飛ぶ。そのようなサイクルが確立し始め、安定した輸送が約束できるようになると、いよいよ1000人単位の人たちが宇宙へ旅する時代に入ると言われています。

そして、そのようなロケットが開発された後は、たとえば月で生活するためのインフラを整えることが必要になるなど、宇宙開発の中でも月面にかかわる産業が広がっていくようになります。

観測するロケット

観測ロケットという、衛星や人を地球を回る軌道まで運ばないロケットもあります。日本では鹿児島にあるＪＡＸＡの内之浦宇宙空間観測所や北海道に射場を持つインターステラテクノロジズが打ち上げの実績があり、簡単にいうとロケット自身が飛びながら観測を行うものです。一定の高度まで打ち上げたあと、落下するまでの間に各種実験や観測を行います。つまりロケット型の観測機です。

同様の機能を持ちながら、違う形態をとるものに、気球があります。気球は高度にして約50キロメートルまで上がるのですが、多くの地球観測衛星や通信衛星は、６００〜８００キロメートル上空を周回しています。その間の空間で観測できるツールとして、観測ロケットがあります。

観測対象になるものはさまざまですが、大気の状態や気象現象の測定などに使われます。また、人工衛星や探査機に載せるための試作品（部品）をロケットの先に付けて運び、その性能を試すこともあります。

観測ロケットを打ち上げる場所は、高緯度がいい場合もあります。たとえば、オーロラを科学的に調査する場合、そのような現象が発生している地域を選びます。ノルウェーのアンドーヤスペースセンターでの極域観測は、NASAやJAXA、DLR（ドイツ宇宙航空センター）やCNES（フランス国立宇宙研究センター）など、たくさんの宇宙機関が北極圏特有の大気現象などを調べるために観測ロケットで実験をしています。

探査機を載せるロケット

惑星や月のまわりを周回するオービターや、惑星や月の表面を探査するローバーといった探査機を打ち上げることもあります。探査機の打ち上げには、衛星の打ち上げとは違う設計が必要となります。ただ、できるだけリーズナブルに目的地に行けるように、軌道を設計することが最初の重要なステップであることは共通しています。

第1章で紹介した研究者ベピ・コロンボの名を付けた水星探査機ベピコロンボは、ロンドンのサイエンス・ミュージアムにそのエンジニアリングモデル（実験用に作られた機体）が飾ってあります。高さは6メートルもあり、最初

高さ6メートルある水星探査機ベピコロンボ。ロンドンのサイエンス・ミュージアムにエンジニアリングモデルが展示されている。（撮影:筆者）

に見た時、あまりに大きいので、建物の一部かと思うくらいでした。また見た目も、アルミホイルがキラキラと光るような感じで目立ちます。

水星は太陽光の強さが地球の約10倍にもなります。ベピコロンボは太陽から近いとてつもなく熱いところを飛んでいくので、きちんと耐熱加工がなされていなくてはなりません。実験用に使われたこのモデルは、マイナス190度から400度まで耐えられるように作られているといいます。

ベピコロンボは2018年に打ち上げられ、7年かけて、地球で1回、金星で2回、水星で6回、合計9回のスウィング・バイが計画されており、現在も水星に向けて飛行中です。熱に耐えられるかだけでなく、紫外線や放射線にも耐えられるか、7年という長期間の飛行にも耐えられるのか、持っていく燃料は劣化しないのかなど、ベピコロンボが宇宙を旅するための工夫が随所にちりばめられています。

このような探査機の場合、エンジンや部品をどれだけ入念に準備しても不具合が起きることがあります。そのため、冗長系と言われる、もしも何かあった時に使うスペアをいくつか用意して載せることがあります。

また、このミッションはESA（欧州宇宙機関）とJAXAが進める日欧初の大型共同プロジェクトでもあります。JAXAからは「みお（Mio）」という水星の磁気圏・宇宙環境の探査機をベピコロンボに搭載し、水星に辿り着くと分離され、観測を行います。難易度が高く、お金も時間もかかるミッションだからこそ、共同でやっていこうというものです。

ヨーロッパでは、このような探査機を打ち上げるのに、民間企業のアリアンスペースがロケットの開発を担っています。アリアン5は、ベピコロンボのような大型の探査機を打ち上げる能力を持つロケットで、南米フランス領ギアナから打ち上げています。このアリアンの新型が2024年7月にデビューする予定で、今後の打ち上げにも貢献が期待されています。

スペースXやアリアンスペースの大型ロケットにより、宇宙飛行士や大型の探査機、衛星は打ち上がるようになりました。地球を観測したり、通信環境をよりよくしたり、探査機を飛ばしたりと、国や地域を超え、また国の機関だけでなく民間企業と協力しながら、宇宙の開発は現在まで進んできたのです。

宇宙の中にある地球

ここで、みなさんとじっくり考えたいことがあります。

宇宙とはどこのことでしょう。

第2章では、国際的な取り決めでは、高度100キロメートルより上空という説明をしました。しかし、ロケットが飛んでいく先が宇宙、宇宙飛行士が行く場所が宇宙なのでしょうか。

衛星が地球の私たちの生活や未来に役立てられるように、宇宙と地球に境があるようには思えません。ロケットは、「宇宙の中にある地球」から飛んでいき、地球を取り巻いている環境や、地球の成り立ち、宇宙の組成を調べにいくという考え方もできるのではないでしょうか。

「宇宙に行くぞ！」というのは、昔信じられていた天動説のように地球を中心に据えた考え方です。しかし、地球が宇宙の中心なのではありません。大きな太陽系、さらには大きな銀河の中に地球はあります。地球は一つの惑星です。宇宙に「行く」のではなく、地球は宇宙の中に「ある」のではないでしょうか。

次の章では、ブラックホールやビッグバンなどに触れながら、その宇宙がどのように生まれたのかについてお話ししていきたいと思います。

第4章　宇宙はどのように生まれたのか

宇宙望遠鏡ユークリッドの旅

2023年7月、ESA（欧州宇宙機関）が打ち上げた宇宙望遠鏡ユークリッドは、どのように宇宙ができたのか、どのように宇宙が広がっているのかを調べるために深宇宙への旅に出ました。

深宇宙とは、静止軌道の外側を指すことが多く、静止軌道から先の「ディープな宇宙」のことです。地球から38万キロメートル先に、まず月がありますね。それよりもずっとずっと遠いところには、私たちが知らないことがたくさんあるはずです。

宇宙機の組み立ては、クリーンルーム（ゴミなどをできるだけ排除した状況で作業できるよう温度・湿度・室圧を管理した空間）で行われます。クリーンルームに入る時は、人体や衣服から塵《ちり》や細菌が入らないように「クリーンスーツ」「無塵衣《むじんい》」と呼ばれる全身をカバーする作業着を身につけます（このスーツは白色であることも多くバニースーツという通称がNASAのクリーンルームでは使われていました）。髪や髭、靴もそれぞれカバーをします。組み立てる場所のレイアウトは、それぞれの会社で当然のように違うのですが、どの現場も共通しているのは集中して作業する場ということ。できあがる直前の宇宙機はどれもオリジナルで、世界に誇る自信と風格が感じられます。

宇宙望遠鏡ユークリッドは、人類がまだ持っていない「宇宙の地図」を描くため、今まさに観測を続けています。飛び込んだ先にはどんな世界が広がっているのでしょうか。打ち上げから４か月で、最初の画像が公開されたのですが、それはキリン座内の「隠された銀河（Hidden Galaxy）」と呼ばれてきた、これまで観測しにくい場所にあるものでした。渦巻く銀河とそれを取り巻く眩《まばゆ》い星の図は、今後積み重ねていく観測でできあがる「宇宙の地図」の完成への期待を膨らませてくれます。

銀河は２兆個ほどある

宇宙というのはとても広いので、普段地球上で使うキロメートルという単位ではなく、光年という距離の単位を使います。年というと、時間を表しているようですが、光年は距離を表すものです。光が到達するのに1年かかる距離を1光年とします（キロメートルにすると、約9兆4600億キロメートルです）。地球と太陽の間を、光はおよそ8分で届きますので、1光年というのは、とてつもなく長い距離を指します。

シリウスという輝く星の名前を聞いたことがあるでしょうか。地球から8.6光年の場所にあり、地球から見える星の中で太陽の次に明るい、おおいぬ座の1等星です。その眩い輝きを我々は地球から見ていますが、8.6光年離れたところですから、かなり遠いところからの光が届いているのです。

光が届くのに8.6光年かかったということは、いま私たちが見ている星の姿は8.6年前の姿なのです。ですから、100万光年離れたところにある星の場合、100万年前の姿を見ていることになります。遠く、遠く、深宇宙にある星を観測することは、昔の宇宙の姿を知ることにもなるのです。

地球がある太陽系は天の川銀河にありますが、その隣にあるアンドロメダ銀河は250万光年とはるかはるか遠方にあります。宇宙そのものがどれだけ広いのか、まだわかっていないのが実情ですが、現在観測できるデータから推測するに、銀河は2兆個ほどはあるのではないかと言われています。

宇宙の膨張を加速させているダークエネルギー

宇宙の広さだけではなく、実はその組成の95パーセントは、まだわかっていませんか。しかし、その「わかっていないもの」にも名前はついていて、ひとつはダークエネルギー、もうひとつはダークマターと呼ばれています。

まずは、ダークエネルギーですが、その存在を設定する必要が生まれた背景のお話から始めます。宇宙の大きさについて、20世紀の初頭までの定説では、過去も未来も変わらない不変のものとされていました。その定説を、数式をもってサポートしていたのが、アルバート・アインシュタインでした。彼は、自ら提唱した数式に「宇宙定数」という項を導入しました。宇宙の大きさは不変と信じるアインシュタインにとって、この項は、宇宙の大きさが変化しないように数式を調整するためのものでした。

しかし、天文学者エドウィン・ハッブルの観測により宇宙が膨張していることが証明され、アインシュタインは「宇宙定数」を自ら撤回しました。アインシュタインは、「宇宙定数」を導入したことを「自分の人生最大の失敗だった」と悔やんだと言います。

さらにその後、思いがけない展開になります。宇宙の膨張が加速しているということも分かったのです。「宇宙定数」を宇宙が膨張するエネルギーの源として考えると、アインシュタインの数式が宇宙の膨張の加速を考慮したものとして成り立ったのです。今ではその膨張させているエネルギーを、ダークエネルギーと呼んでいます。ダークエネルギーは、現在の宇宙の68パーセントほどを占め、宇宙空間に均等に分布していると言われています。

ダークマターとはなにか

もうひとつの「わかっていないもの」は、宇宙の27パーセントを占めると言われているダークマターです。ダークマターも、わかっていないものに名前をつけているだけなので、どんなものか摑みにくいかもしれません。何を説明するためのものかというと、渦巻く銀河の仕組みです。

銀河の内側と外側を比べた時に、銀河に含まれている星やガスの質量の分布からは、内側のほうが速く回っているはずなのに、なぜか観測値によると内側と外側がほぼ同じ速度で回転しているようでおかしいという謎を解明するためのものです。1960年代から指摘され始め、1970年代にアメリカのヴェラ・ルービンという天文学者が、アンドロメダ銀河の回転速度を測っていた時に、銀河の中心と外側で、それほど速度が変わらないという具体的なデータを得たことで、より高い信憑性を持って支持されることになりました。

銀河の中心に近い地点でも、遠い地点でも、ほぼ同じ速度で回っているということは、私たちが知っている物質ではない、質量を持つ「何か」が、銀河全体をすっぽり覆い尽くすように存在していて、どの地点でも同じ速度で回転することを可能にしていると考えたわけです。その「何か」をダークマターと呼んで、つじつまを合わせているのです。

現在の観測機器では捉えられていない存在なので、謎の物質です。観測しても目には見えない、けれど質量がある、我々人類がまだ知り得ていない「何か」なわけです。とりあえず、何かがあるべきなので、ダークマターと呼びつつ、観測や分析が進められています。

ここで、目に見えないものをどうやって観測しているのか、という疑問が出てくるかもしれません。観測方法のひとつは重力レンズ効果と呼ばれる現象を捉えるものです。

質量がとても大きい天体があると、大きな重力がかかるため、光が曲がります。ですから、ダークマターが集中しているエリアを光が通る時、レンズを通った時のような歪みが生じるわけです。目には見えなくても、この重力レンズ効果を調べることで、銀河のどこにダークマターがあるのか、その分布を調べることができるのです。最初に重力レンズ効果を予測したのはアインシュタインでした。

重力レンズ効果でダークマターを観測する米国ニューメキシコのスカイ天文

台では、昆虫の複眼のように24個の望遠鏡を並べた「ドラゴンフライ望遠鏡」を使っています。日本語にすると「とんぼ望遠鏡」でしょうか。複数のレンズから得た画像の合成で、より鮮明な銀河の様子を捉えることができました。その一方で、ダークマターが存在しない銀河があることも判明しました。

このように宇宙は、物理学的にも再考の余地があるくらい未知のことが多いのです。ですから、宇宙のことを観測することは、実は物理学の根幹をなす部分の研究が行われているのと同義なのです。

ブラックホールとはなにか

ダークマターの一部は、ブラックホールではないかという説があります。ブラックホールは、重力が極端に大きいため、まわりのものを飲み込み、光さえも脱出できません。そのブラックホールが、ダークマターとかかわりがあるのではないかというものです。

ブラックホールはどのように生まれるのでしょうか。今から50億年ほどで、太陽は寿命を迎え、光を失い、ひっそりと余生を送ることになると考えられていますが、太陽の数十倍の質量を持つ重い恒星は、最後に超新星爆発と呼ばれる激しい爆発を起こします。この爆発が、ブラックホールが生まれる原因のひとつとなっています。

最初に発見されたブラックホールは、天の川銀河にある、はくちょう座X-1という、7200光年あまり離れた場所にあるもので、太陽の21個分以上の重さがあるとされています。しかし、その画像は発見時には捉えられていませんでした。

ブラックホールの中心はどうなっているのだろうか、今あるデータを見るとこういうモデルが成り立つのではないか、という議論は出ていましたが、そのような仮説を裏付けるブラックホールの画像やデータは取れないという手探りの時代が長く続いていたのです。ブラックホールの正体の可視化に繋がるデータが待ち望まれていました。

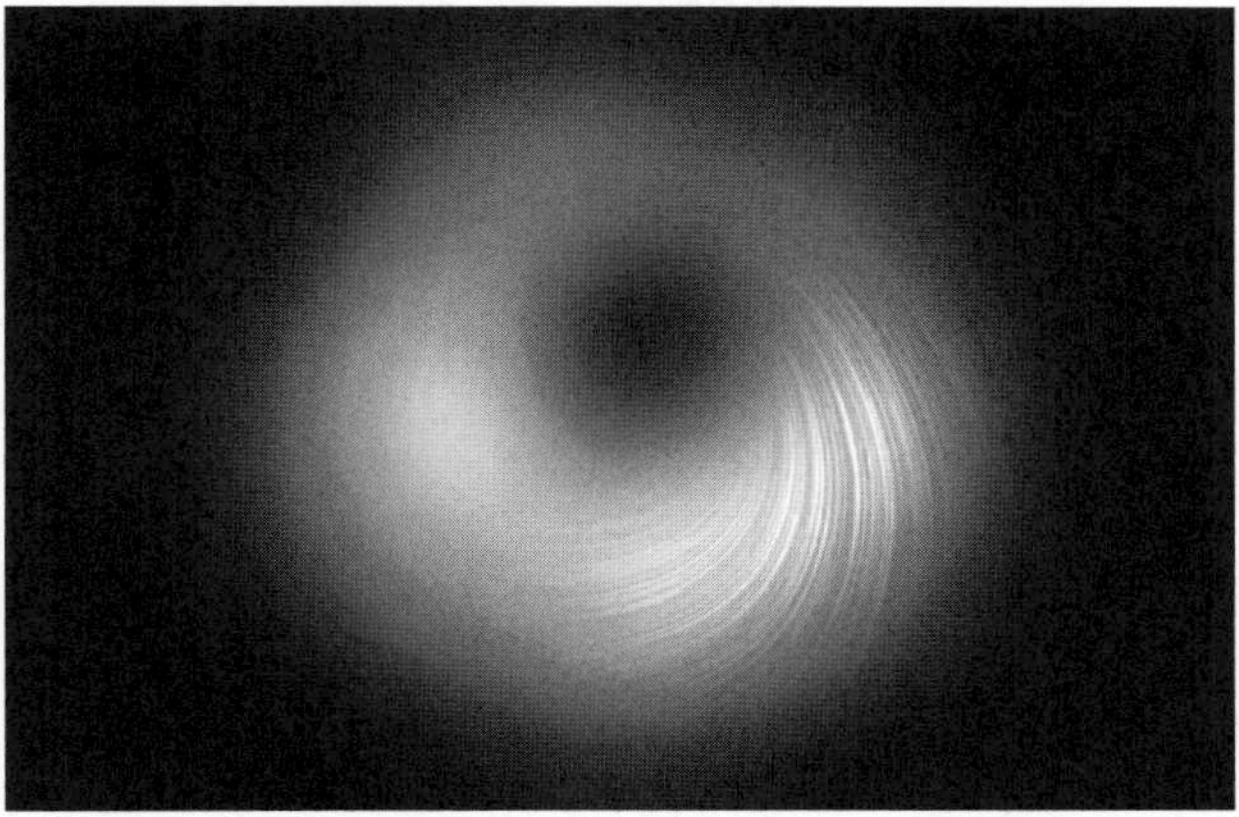

M87ブラックホール。Credit: Event Horizon Telescope Collaboration

世界各国の研究者が協力してブラックホールを撮影

　その「見えない」時代に終止符を打ったのが、ブラックホールを最初に画像として捉えた「イベント・ホライズン・テレスコープ」と称する国際協力プロジェクトチームでした。このプロジェクトでは、アジア、アフリカ、ヨーロッパ、北米、南米から数百名の研究者が力を合わせて観測し、観測データを処理しました。

　ブラックホールの画像は、イベント・ホライズンに参加、協力する8つの電波望遠鏡が撮影した観測結果を繋ぎ合わせて作られています。8つが協力することで、地球が丸ごと望遠鏡になったような大規模な観測が可能になりました。

2019年4月10日、この画像が発表され、ブラックホールにはシャドウと呼ばれる暗い部分と、そのまわりに明るいリング構造があることが可視化できました。撮影されたブラックホールは銀河M87にあり、M87ブラックホールと呼ばれていて、その中心から5000光年以上にわたって、明るいエネルギーが伸びて見えます。

ブラックホールの近くでは、周囲の物質はブラックホールに落ちると考えられていますが、一方で一部の物質はブラックホールの大きな重力に捕まる前に外に逃れ、勢いよく宇宙空間に飛び出ているようなのです。どうして一部の物質が逃れることができるのか不思議ですよね。

多くの科学者は、ブラックホールに落ち込んでいく物質と、噴出する物質が分かれるところ、つまりその境界の部分にヒントがあると考えています。そして、この境界に、偏光という光の曲がる様子が写っているために、ブラックホールへは螺旋状の磁場が存在し、落下する物質と噴出する物質の交通整理をしているのではないかという仮説が支持されるようになりました。

X線で銀河を観測する

しかし、この画像では光や電波を発していない部分の構造はわかりません。そこで「プラズマ」を観測することで、ブラックホールの新たな側面を含め、まだ観測できていない宇宙の構造を知る手がかりが得られるのではないかと考えられています。

ここで、プラズマについて簡単に説明しましょう。温度が上昇すると、物質は固体から液体に、液体から気体に変化します。そして気体に熱や電気エネルギーを加え、さらに温度が上昇すると、気体を構成する分子が解離を起こします。

一般に分子の中には、原子が存在し、原子のなかには原子核があり、そのま

図9　原子の構造

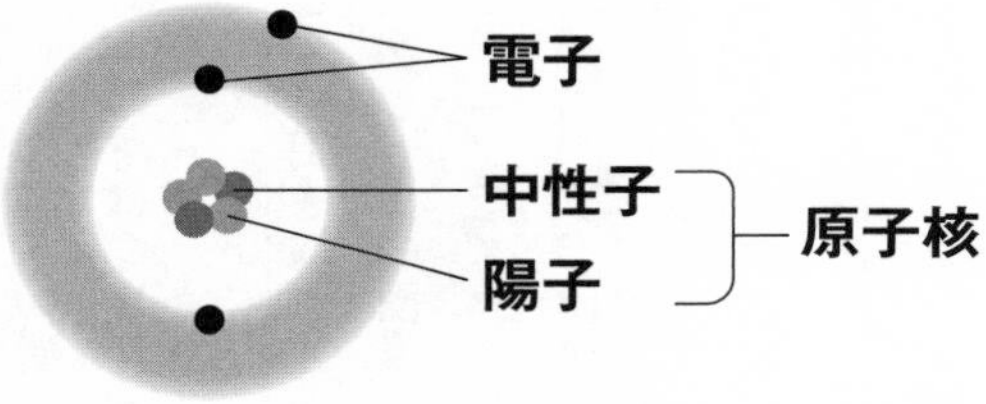

原子は、原子核とそのまわりを回る電子から構成され、原子核は、陽子と中性子で構成される。温度が上がり、電子が原子から離れると、原子がプラスもしくはマイナスの電気を帯び、プラスイオンやマイナスイオンとなる。この状態をプラズマと呼ぶ。

わりを電子が回っています。たとえば、水素をＨ２と呼ぶように、Ｈという原子２つが水素という分子を作ります。水はＨ２Ｏですから、Ｈという原子２つとＯという原子１つ、合わせて３つの原子から成り立ちます。

外から加えられたエネルギーにより、分子が原子に分かれるのですが、さらに温度が上がると、電子が原子から離れます。そうすることで、原子がプラスもしくはマイナスの電気を帯びるようになり、プラスイオンやマイナスイオンとなります。これが、物質の第4の状態とも言われる、プラズマという状態です。

現在、プラズマを観測することで、ブラックホールに落ちていく物質が作る構造を詳しく知ることができ始めています。また、プラズマの観測に利用されているものにX線望遠鏡がありますが、X線の色を高精度で測るセンサーとカメラを備えた国際X線観測計画クリズム（XRISM：X-ray Imaging and Spectroscopy Mission）も2023年にH2Aロケットで打ち上げられました。ブラックホール周辺の物質の動きや、銀河の集団が形づくる大規模な構造の成り立ちについて、今後解明を進めてくれるものとして期待されています。

深宇宙を撮影したハッブル宇宙望遠鏡

まだ見ぬ宇宙を撮影して大活躍しているものに、ハッブル宇宙望遠鏡があります。宇宙の膨張の証拠を観測によって摑んだエドウィン・ハッブルにちなんだ名を持つハッブル宇宙望遠鏡。その大きさは13メートルを超えます。1990年4月に打ち上げられ、地球のまわりを回る軌道上に置かれました。

地球の上空を飛ぶハッブル宇宙望遠鏡。Credit:JPL/NASA

地球から撮影すると、大気があるために光が屈折したり、雲がかかって観測できないことがありますが、地球のまわりを回る軌道上にいることで、よりクリアなデータを得ることができ、はなばなしい観測結果を次々と地球に送りました。

その中でも特に注目されたのが、ダークマターの存在を裏付けるような観測結果です。本来ならばまっすぐなはずの光が曲がっていることが観測され、見えないけれど質量のある「何か」があることがわかったのです。画像もクリアなものが多く、そこには想像もつかなかった世界が広がっており、ハッブル望遠鏡のデータは研究者のみならず天文ファンやカメラファンもとりこにしました。

ＮＡＳＡはオープンサイエンスというポリシーを大切にしていて、できるだけ多くの人たちに科学に接してほしいと、研究成果やデータをウェブ上などで一般に公開しています。ハッブル宇宙望遠鏡のベースであるＮＡＳＡのゴダード宇宙飛行センターがあるワシントンＤＣの空港には、ハッブルが撮影した写真がずらりと並び、旅人を不思議な空間で迎えてくれます。

ハッブル望遠鏡が捉えた宇宙はとても美しく、ＮＡＳＡでは、その天体画像の縦方向を音階、横方向を時間の流れに換えて、音の強弱で明るさを表現し、画像の情報を可聴化するソニフィケーションも行っています。ハッブル望遠鏡が見せてくれたおよそ1万個の銀河を地球から近い順に音にして表現する「ハッブル・ウルトラ・ディープ・フィールド」や、バタフライ（蝶）のような模様の「バタフライ星雲」（巻頭カラー写真9）がソニフィケーションされ、

YouTubeで映像とともに届けられています。ぜひお聴きになってみてください。

ハッブル・ウルトラ・ディープ・フィールド

バタフライ星雲のソニフィケーション

宇宙最古の巨大ブラックホールを捉えた宇宙望遠鏡

２０２１年のクリスマスの日、巨大宇宙望遠鏡ジェームズ・ウェッブ（巻頭カラー写真６）を載せたロケット、アリアン5が南米フランス領ギアナの宇宙センターから打ち上げられました。ジェームズ・ウェッブ望遠鏡は、地球から見て太陽とは反対側、地球から１５０万キロメートル離れたところに置かれています。

ジェームズ・ウェッブ望遠鏡で観測すると、ハッブル望遠鏡よりも10倍、時には１０００倍も高い感度で観測できるといいます。また、ジェームズ・ウェッブ望遠鏡は、人の目で見える可視光を捉えるハッブル望遠鏡とは違い、可視光より波長が長い近赤外線を捉えるため、はるか遠くにある、およそ１２０億〜１３０億年ほど前の銀河を観察するのに適しています。そうすると、どうでしょう。これまでは見つかっていなかった10個の巨大ブラックホールの存在を確認できたというのです。１２０億〜１３０億年というのは、宇宙の誕生からわずか10億〜20億年という時期に当たりますので、そのような宇宙誕生後間もない時点で、すでにブラックホールが存在していたということになります。

現在までたった2年ほどの運用ですが、さまざまな画像、データを取り快進撃を続けるジェームズ・ウェッブ望遠鏡。ハッブル望遠鏡もジェームズ・ウェッブ望遠鏡も、実はリアルタイムで観測の様子がオンラインで公開されていま す。人類が知らないことを知るために探検に出ている宇宙望遠鏡がいま、この時に見ている宇宙がライブで見られます。輝く星の光や深宇宙の様子に圧倒されること間違いなしです。ぜひご覧になってみてください。

ハッブル宇宙望遠鏡（英語）

ジェームズ・ウェッブ宇宙望遠鏡（英語）

ビッグバンとはなにか

宇宙望遠鏡の性能は格段に上がりました。しかし、驚くような天体画像が送られてくるたびに、人類にはまだまだわからないことが多いことも実感します。

そもそも、これらの星を有する宇宙が存在するのも、いつか、どこかで宇宙ができたからなのですが、宇宙の生成についてはどれくらいのことがわかっているのでしょうか。耳慣れた言葉かも知れませんが、ビッグバンから始めましょう。

提唱者は、ジョージ・ガモフというウクライナ生まれの理論物理学者です。彼は、1934年にアメリカに亡命し、ジョージワシントン大学の教授となりました。ガモフは、ユーモアを大切にするキャラクターとして知られており、

１９４８年に、元素の起源に関する重大発表を「$\alpha\beta\gamma$《アルファベータガンマ》理論」と称しました。論文の著者がR・アルファのαとG・ガモフのγならば「$\alpha\beta\gamma$理論」とすると耳あたりがいいだろうという理由で、足りないβの文字を入れるために、ハンス・ベーテさんのお名前を借りるかのように著者に加え、出版したというのです（しかも、出版日はエイプリル・フール！）。

この論文が重大発表だった理由は、$\alpha\beta\gamma$理論が正しいとすると、宇宙は、ものすごい高温でものすごい密度の火の玉が急に膨張することで始まった、ということになるからです。そんな理論はもってのほか、と反論した学者フレッド・ホイルは、宇宙が大きな爆発（ビッグバン）で始まっているなんて、と語りました。彼は、揶揄したというより、$\alpha\beta\gamma$理論から導かれる宇宙の様子をとっさに表現したら「ビッグバン！」になったと後に話しているのですが、この表現を気に入ったガモフが、それはいい名前だ、と「ビッグバン説」として自ら使うことにしたのです。

ビッグバン、つまり、熱い火の玉から宇宙ができたのではないか、そしてその宇宙はいまだに膨張を続けている、というのがビッグバン説のコアの部分です。

それまでは、宇宙とは決まった量の空間であるという定常宇宙論が主流だったため、画期的な提案でした。ただ、そのような急激な膨張がいつどのタイミングで起こったのか。いわゆるインフレーションと呼ばれる現象があったとすると、そのような膨張があった後に火の玉の状態の宇宙ができたのか。あるいは、火の玉の状態から急激に膨張したのか、それを裏付けるさらなる証拠が必要にもなりました。

ビッグバンの証拠はどのように摑んだのか

ビッグバンが本当らしいという観測結果はどのように得られたのでしょうか。仕組みとしては次のようになります。

ビッグバンから生まれた宇宙は「火の玉」と呼ばれるように高温高密度だったため、電子が飛び交っていました。そのような中では、光は電子にぶつかり、まっすぐに進めず、曲がるはずです。

ビッグバンからおよそ38万年後に、温度が下がり、飛び交っていた電子が原子核と結びつき、原子ができました。電子が邪魔しないようになったため、光はまっすぐに進めるようになりました。ただし、その当時に可視光だった光は、宇宙の膨張に引きずられて光の波長が伸ばされ、私たちに届く時には、波長が長いマイクロ波になっています（マイクロ波は、その周波数で分類され、テレビや携帯電話などにも使われているものです）。

１９６０年代に、マイクロ波をアンテナで受信しようと試みた二人の科学者がアメリカにいました。アーノ・ペンジアスとロバート・W・ウィルソンは、観測を続けるなかで、捉えようとしているマイクロ波ではなく、雑音のように入るマイクロ波があることに気づきます。

このままでは捉えようとしているマイクロ波の測定の邪魔になるので、発信源を突き止めようとするのですが、どうしても発信源が摑めません。この邪魔だったマイクロ波が、実は宇宙のどの方向からも降り注いでいるマイクロ波で、専門用語では宇宙背景放射と呼ばれるものだったのです。このマイクロ波が、ビッグバンが起こった証拠となりました。今でも存在していて観測できるのですから、驚きです。

「宇宙の晴れ上がり」から太陽系の誕生まで

宇宙の温度が下がり、光が直進できるようになった時期を「宇宙の晴れ上がり」と呼びます。そして、そこからさらに時が進み、ビッグバンから2億〜4億年後に最初の星が生まれました。太陽系、そして地球は、宇宙の誕生から92億年後、言い換えると、今から約46億年前に誕生したと言われています。

先述したビッグバンの証拠となった宇宙背景放射の観測は、1989年にNASAが打ち上げた宇宙背景放射観測衛星COBE《コービー》(Cosmic Background Explorer)により、さらに精密に進められました。当初、ビッグバンの名残のマイクロ波は、どの方向からも一様に降り注いでいると考えられていたのですが、マイクロ波の温度を観測することにより、観測の方角によって約10万分の

3度の温度差があることが分かりました。ごくわずかではありますが、マイクロ波は不均一に分布していたのです。

その温度差の原因は、熱い火の玉から宇宙ができた初期に温度の揺らぎがあったからで、そのわずかな揺らぎが物質の密度の不均一を招き、密度がやや高いところに星が集中して生まれた、と考えられるようになりました。ビッグバンの理論が、観測により発展し、温度の揺らぎの証拠を摑んだことで、銀河の「種」を発見するに至ったのです。

そのような宇宙の始まりから、長い時間の進化を経て、地球も生まれたのです（図10）。地球が誕生した頃は、1000度を超えるマグマに覆われ、生物は存在できない環境でした。そのような状態からどうやって生命が誕生したのでしょうか。海が安定して存在できるようになった38億年前頃に、海で生命が誕生したという説もあれば、地球にやってきた隕石によってもたらされたとする説まで、諸説考えられており、それらを決定づける証拠がまだまだ必要です。

次の章では、「地球外生命」について調べるミッションを見ていきましょう。

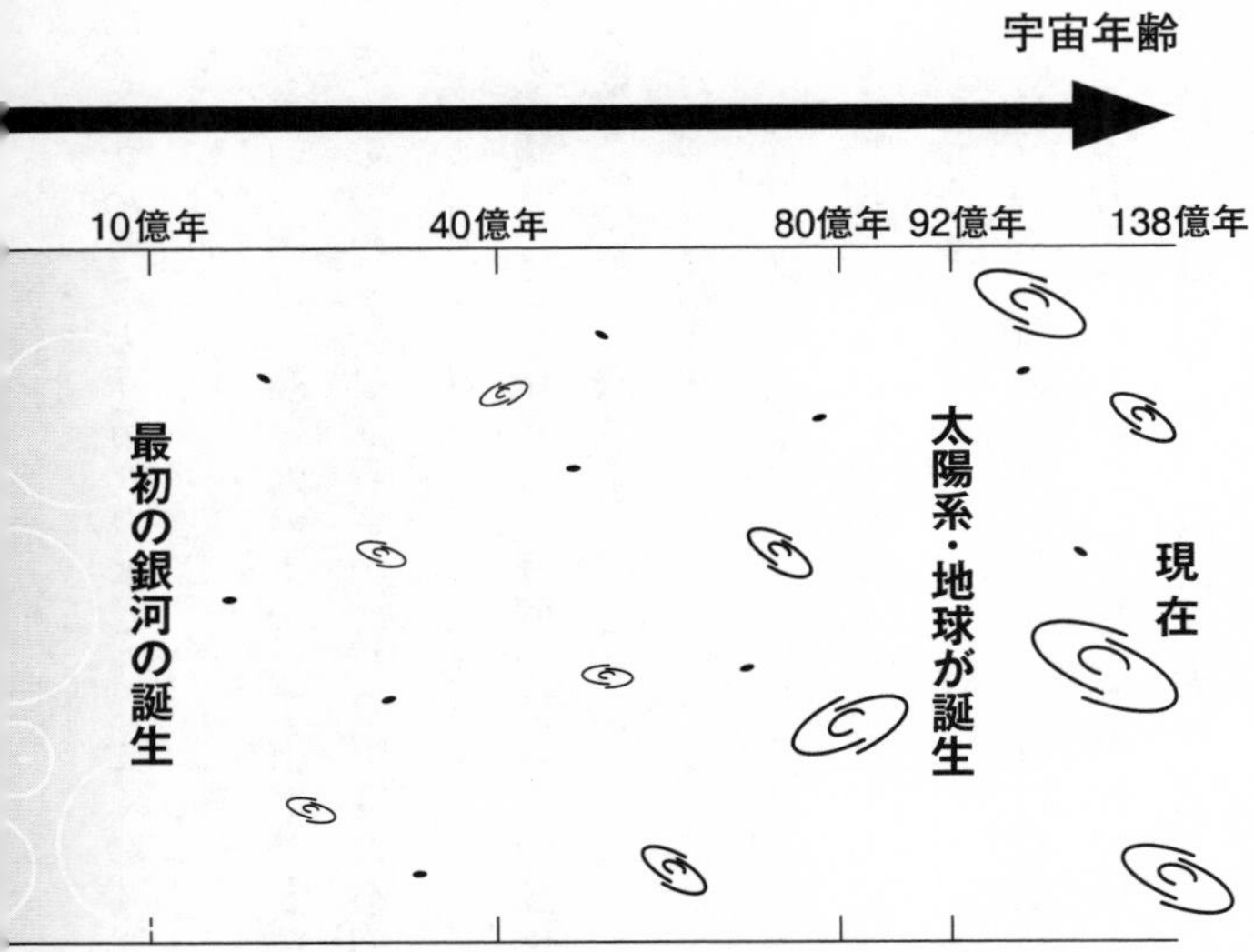
宇宙年齢
10億年
40億年
80億年
92億年
138億年
最初の銀河の誕生
太陽系・地球が誕生
現在

参考:国立天文台

図10　宇宙の成り立ち

ビッグバン、暗黒時代を経て、星々が
生まれ、宇宙はいまも膨張している。

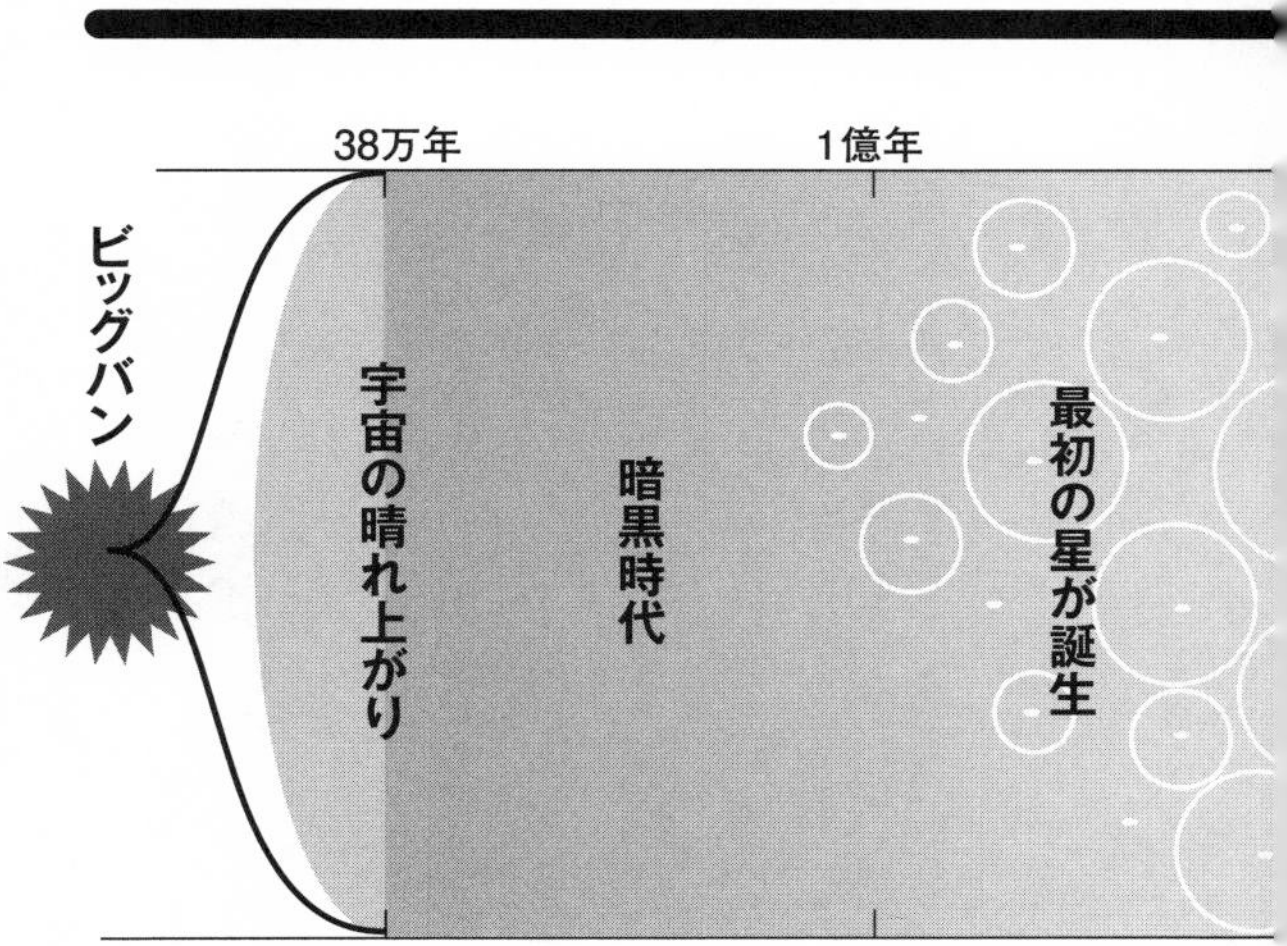

第5章　「地球外生命」は本当に存在するのか

太陽とそのまわりを回る惑星たち

宇宙の遠い遠い場所には、完全に水に覆われた惑星もあるかもしれないという観測結果が発表されています。

みなさんにはおなじみの「水金地火木土天海」の太陽系は、太陽を中心に図が描かれます。太陽のように自ら光を出す星を恒星、地球のように恒星のまわりを周回する星を惑星と呼びます。惑星たちは、太陽のまわりを（正確には、太陽系の「質量の中心」となるところを）周期的にめぐる、いわゆる公転をしています。

昔、学校で冥王星も惑星のひとつと習ったという覚えのある方もいらっしゃるかと思いますが、２００６年に国際天文学連合で惑星の定義が決められ、冥王星は惑星ではなく、準惑星のカテゴリーに入ることになりました。準惑星よりも小さい星は小惑星と呼ばれ、その数は数百万にのぼります。火星と木星の間には、小惑星帯という小さな天体がたくさん回っているゾーンがあります。

「第二の地球」を探査する

地球が太陽系の中にあるのはご存じの通りですが、太陽系の外にも、太陽のような星を周回する惑星が存在し、それらは太陽系外惑星、あるいは短くして系外惑星と呼ばれています。系外惑星は、20世紀初頭からその存在は示されていたものの、１９９２年に、はじめて科学的な観測によって確認されました。２０２４年６月１日時点では、５７４１個もの系外惑星が確認されています。

多くの系外惑星があるのならば、どこかに生物がいてもいいのでは？という疑問が出てきます。系外惑星が発見され始めたのは30年ほど前のことですが、地球以外の生命への興味は、古くは紀元前5世紀のギリシャの記録にも残っているほどです。

日本の国立天文台も、ハワイのすばる望遠鏡に観測装置を設け、第二の地球を発見しようと観測を続けています。太陽系外惑星探査プロジェクト室のウェブサイトには「宇宙で私たち人類は特別な存在なのか、それとも、生命が育まれているような第2の地球は存在するか、という問いに答えたい」とあり、

木星

直径	11.2倍 （14万2984km）
質量	317.83倍
衛星	72／95個

天王星

直径	4倍 （5万1118km）
質量	14.54倍
衛星	27／28個

土星

直径	9.44倍 （12万536km）
質量	95.16倍
衛星	66／146個

海王星

直径	3.88倍 （4万9528km）
質量	17.15倍
衛星	14／16個

衛星の数は、左が確定数、右が報告されている数。
参考：国立天文台（2024年2月23日更新）

図 11　太陽系の惑星

太陽から近い順に、水星、金星、地球、火星、
木星、土星、天王星、海王星。

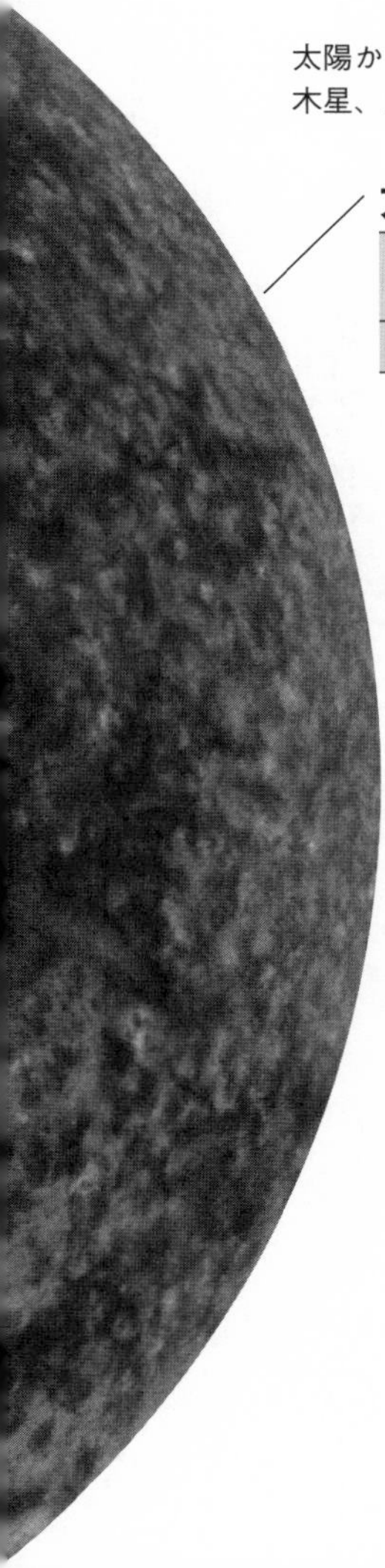

太陽

直径	地球の109倍 (139万km)
質量	地球の33.29万倍

水星

直径	0.38倍 (4879km)
質量	0.05倍

地球

直径	1万2756 km
質量	5.97×10^{24}kg
衛星	1／1個

金星

直径	0.94倍 (1万2103km)
質量	0.81倍

火星

直径	0.53倍 (6792km)
質量	0.1倍
衛星	2／2個

2005年に発足して以来、観測を続けています。系外惑星、特に地球に似た星の発見と地球外生命の関連性は強いのです。

260万人のボランティアで地球外知的生命を探す

それより前には、1984年に立ち上げられたSETIというプログラムがありました。SETIとはSearch for Extraterrestrial Intelligenceの頭文字で、1990年代初頭にその活動がピークを迎えました。電波望遠鏡で、自然には存在しない、宇宙から送られてきたであろう微弱な無線信号を捉えようという試みでした。

しかしアメリカ議会の反対にあい、NASAからの資金提供が急になくなるという事態になりました。そんな中、1999年にカリフォルニアのバークレーでSETI@homeという、ボランティアによる電波望遠鏡のデータ解析が始まりました。

もともとSETIは、地球外知的生命体から発信された電波を探し出そうとしていたわけですが、望遠鏡での観測結果は膨大です。そこで、SETI@homeはデータを小分けしてボランティアに配信し、パソコンのスクリーンセーバーとして、パソコンを使っていない時間に解析を進めてもらうことにしました。

SETI@homeの発足から数か月で260万人のボランティアが世界中から集まりました。宇宙人からのシグナルを受け取るのは、自分のパソコンかもしれないと、各国から参加者が集まったわけです。

数百万台のパソコンの処理能力を使い、毎秒およそ25兆回の計算ができるのですから、結果として巨大な仮想コンピュータができあがっていたと言えます。2020年の3月末に終了するまで、20年ほどデータの解析が続いたのですが、地球外生命の発見には至りませんでした。

地球外生命がいるかもしれない惑星

2024年3月に英国ケンブリッジ大学から、地球外生命体の可能性を示唆するデータが発表されました。半径が地球の2倍ある、73光年も離れたところにある系外惑星に、蒸気、メタン、二酸化炭素を大気に含んでいるものがあるというデータが出たのです。

表面の温度が高ければ、水ではなく蒸気としてしか存在しないのではないか、という指摘もなされてはいます。もちろん、そのような惑星に生命が存在できるかどうかはまた別問題でもあります。でも、水がある惑星には地球外生命がいるかもしれないという、いわゆる宇宙人発見への期待が大きくなっていくのです。

UFOは地球に来たことがあるのか

地球外生命体を探しに行くのではなく、地球にやってくるアレがあるのではないかと思う方がいらっしゃるかもしれません。アレというのは、そう、未確認飛行物体（UFO）です。

アメリカでは、政府主導でUFOに関する研究を隠してきたのではないかとの物議があり、2022年に米国防総省の内部組織「全領域異常対策室

（AARO：All-domain Anomaly Resolution Office）」が、機密文書全てにアクセスして調査することが決まりました。2024年3月、AAROのレポートでは、政府は何も隠していない、という結論が出されています。

サンプルリターンで星の成り立ちを調べる

UFOは、宇宙のどこからか地球にやってきたというシナリオですが、地球から別の星に行って、私たちの探査機がUFOになるというシナリオはどうでしょうか。

実際、惑星や小惑星の表面から砂や石などを持って帰ってくる「サンプルリターン」と呼ばれるミッションがあります。みなさんご存じのように、日本では、はやぶさ、はやぶさ2が小惑星へ無人探査に行き、サンプル（試料）をカプセルに入れて地球に届けました。目的は、地球外生命の発見ではなく、その星の成り立ちや表面の砂の組成を調べることでした。

これまで、宇宙飛行士がサンプルリターンをしたこともありました。

1969年から1972年にかけて、アポロ計画で、月面の6か所から総計382キログラムにも及ぶ、2200個の石や砂のサンプルが持ち帰られたことがあります。

現在は、ヒューストンのジョンソン宇宙センターで、それらのサンプルを保管、分析しています。サンプルを保管し分析するキュレーション用の設備は、宇宙機を組み立てる施設同様にクリーンルームになっているため、入るときには真っ白の作業服で全身を覆い、手や髪、足まできちんとカバーする必要があります。サンプルの大部分は、将来、技術的な進歩を待って分析されるようにクリーンルームで保管されています。

日本にも来たことがある「月のサンプル」

ジョンソン宇宙センターでサンプルを見せてもらったことがあるのですが、敷地はかなり広く、車で移動しました。シカの親子が草をはんでいる様子を横目で見ながら、月のサンプルが保管されている建物に向かいました。

建物には、大きな冷蔵庫のような機械がずらっと並べられていました。私が訪れた日からおよそ半年後、２０２３年９月にオサイリス・レックス（OSIRIS-REx）という、小惑星ベンヌから砂や石などのサンプルを採取するミッションが予定されていて、設備が拡充されている途中だったのです。アポロ計画から長い時を経て、小惑星からのサンプルリターンの準備をしている様子に心が躍りました。

キュレーション設備には、サンプルが地球の大気に触れるのを防ぐために真空を保つ機械や、作業のための特別な装置が置いてあります。まっ白のクリーンスーツは、本当に「Bunny Suit（バニースーツ）」と呼ばれていて、袖を通した自分の姿はまるでうさぎのよう。月のサンプルが保管されている場所に、何重ものドアを通り抜けて入りました。

月のサンプルは「見事な石のコレクション」という第一印象でした。月といえば、レゴリスというサラサラの小粒の砂を想像していましたが、大きな岩石もたくさんあるのです。一見、地球の石と見かけや組成が異なるようには見え

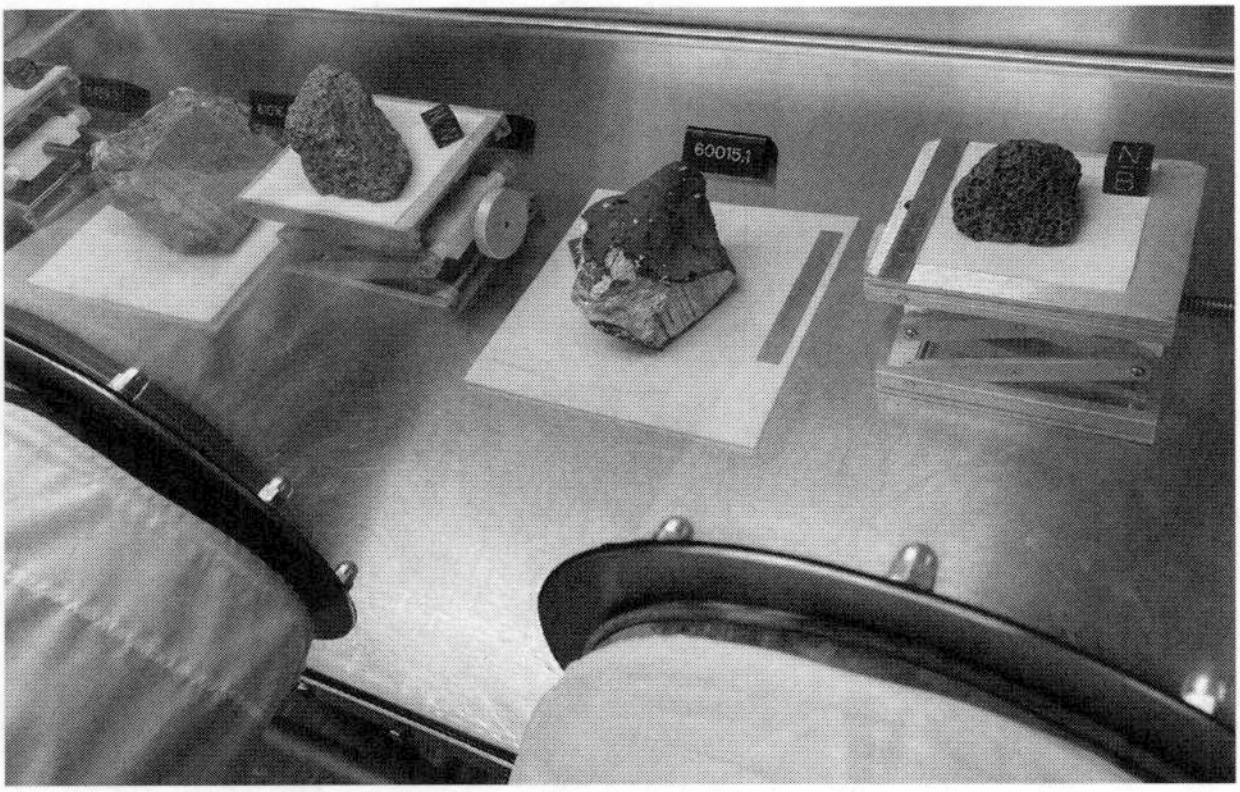

月から持ち帰られたサンプル。グローブボックスの中に保管されている。（撮影：筆者）

ません。しかし、よく見ると、表面はどれも違い、月の石にも宇宙の秘密がたくさん詰まっているぞという何ともいえない風格が漂っていました。

サンプルを扱うときには、保管しているグローブボックスの側面についているグローブに、手袋をした手を差し込みます。グローブボックス内は、大気が混入しないよう窒素で満たされており、中に置いてあるピンセットや器具を使って、サンプルを扱うのです。

キュレーションの関係者は、月

の地質調査が月や地球の起源を探る鍵を握っていることなどを説明してくれました。そして日本から来た私には、1970年の大阪万博の時に、日本で飾られて人気を博したんだよ、とも教えてくれました。

小惑星リュウグウからのサンプル

「はやぶさ2」は、小惑星リュウグウからサンプルを持ち帰りました。地球や月とは違い、太陽系の始まりの頃の状態を保っているとされる小惑星リュウグウ。はやぶさ2は、数々の世界初の技術を実証し、2020年12月にサンプルリターンを無事成し遂げました。

小惑星リュウグウから集めたサンプルが入ったカプセルは、はやぶさ2が地球に近づくタイミングで、オーストラリアの砂漠にパラシュートで投下されました。カプセルは、すぐに日本に運ばれ、神奈川県相模原市のJAXAのキュレーション施設で分析が進められています。

リュウグウからのサンプルは、まるで玉手箱を開くかのように、いろいろなことを教えてくれます。サンプルの分析により、数十億年前に存在した液体の水が硫化鉄の結晶の中にわずかに閉じ込められていることが判明したり、有機物が検出されたりしました。有機物の中には、生命の重要な構成要素の一つであるアミノ酸も含まれていたというのですから、「リュウグウのような小惑星が、水やアミノ酸を含んだ鉱物を運んできて、地球に有機物がもたらされた」という説を考えることもできます。

月からのサンプルと、小惑星からのサンプル。どちらのサンプルリターンも科学的に違う側面を照らし出す、価値のあるミッションでした。

何をもって「生命」と言うのか

アポロ計画で月面着陸が行われるようになった当初、月から戻ってきた宇宙飛行士たちが隔離されたことがあります。地球外での環境には人類がまだ知らない何か、たとえばウイルスのような目に見えない大きさのものや胞子のように植物に育つものがあるかもしれないからです。宇宙人さえもいないとは言い

隔離された宇宙飛行士に挨拶するニクソン元大統領。アポロ14号の時までは、宇宙飛行士は帰還後に隔離され、発熱などの体調変化がないか検査が行われた。Credit:NASA

切れないのですから、検疫は地球の生物、環境にとっては重要です。

無人探査から持ち帰られたサンプルにしても、宇宙飛行士が持ち帰った石にしても、あるいは宇宙飛行士たちにしても、もしかすると地球にない何かが付いているかもしれない。場合によっては、それが人類の健康を害したり、地球を破壊するかもしれないという可能性も想定してのことです。ウイルスや細菌など、感染源になるものが持ち込まれるのをどうにかして防がなくてはなりません。

こうしたことを考える時、何をもって生命と言うべきか、という点が議論になります。端的にいえば、ウイルスも宇宙人なのか？という点をどう考えるかということです。

NASAは「生命とはダーウィン的進化を行うことが可能な、自己を維持できる化学システムを持ったもの（Life is a self-sustaining chemical system capable of Darwinian evolution）」と定義しており、この場合ウイルスは除外されます。ウイルスは生物の細胞に入り、その中で細胞のつくりや機能に頼りながら増殖していきます。ですから、自己を維持できる化学システムは持ち合わせていません。

生命かどうかのひとつの基準は、細胞があるかどうか、と考えるのはどうでしょう。現時点では、多くの場合、細胞という膜構造をもつ単位から成り立っているかいないか、自己複製ができるかできないかで線引きをしています。

生命を探す時、炭素がひとつの決め手となる

生命かどうかの基準で考えると、「宇宙人」は、自己を維持できる化学システムを持っているものということになります。ということは、炭水化物、タンパク質、脂肪など、生物の体内で作り出されるもの、つまり、有機物を見つけると、何らかの証拠を摑むことができるかもしれません。これを「有機生命体探査」と呼ぶのですが、生物が体内で作りだす有機物は、そもそも植物が光合成をして作り出した物質が元になっているため、二酸化炭素の構成元素である炭素(C)がひとつの決め手となりうる、と考えられるのです。

また、生物はある星から別の星に運ばれる可能性もあるため、必ずしもその星で生まれるものとは限らないとする説もあります。さきほどのリュウグウのサンプルが示すように、何らかの形で地球に生命が持ち込まれたという説です。

その根拠として、現に隕石として宇宙から地球に飛来するものを解析すると有機物が含まれていることがわかっています。どこか遠くから、生命の元になる構造が運ばれてきたのではないかという説も含めて、研究が進められている

のです。

いるのか、いないのか。いるならば、どんな姿をしているのか。ワクワクする気持ちがつまった「宇宙人」という言葉。

現在は、宇宙人はいるものではなく、過去に「いた」のかもしれない、という説も出てきています。

第6章 惑星探査の最前線では何がわかってきたのか

生命が存在できるハビタブルゾーン

「宇宙人」が、今はいないけれど、昔はいたかもしれない惑星の候補とされているのは、火星です。地球のように生命が存在できる領域をハビタブルゾーンと呼びます。ハビタブルゾーンがどこからどこまでかは諸説あるのですが、NASAは金星、地球、火星を含むゾーンだとしています（図12）。

ハビタブルゾーンは、ゴルディロックス・ゾーンと呼ばれることもあります。ゴルディロックスというのは、イギリスに伝わる童話の主人公の女の子の名前です。ゴルディロックスは、森のくまさん3頭が暮らす家に入りますが、誰もいませんでした。そこでテーブルの上の3つのお粥のうち、熱すぎず、冷たすぎず、ちょうどいい温度のものを食べました。そして、硬すぎず、柔らかすぎず、ちょうどいい椅子に腰掛け、ベッドもちょうどいいものを選んで寝た、というお話です。生命居住が可能な領域というのも、この少女が選んだもの同様、全てがちょうどいい場所でなくてはならないことから、ゴルディロックス・ゾーンと呼ばれるようになりました。

図12　ハビタブルゾーン

生命が存在できるとされるハビタブルゾーンの領域は諸説あるが、NASAは金星から火星までの空間としている。

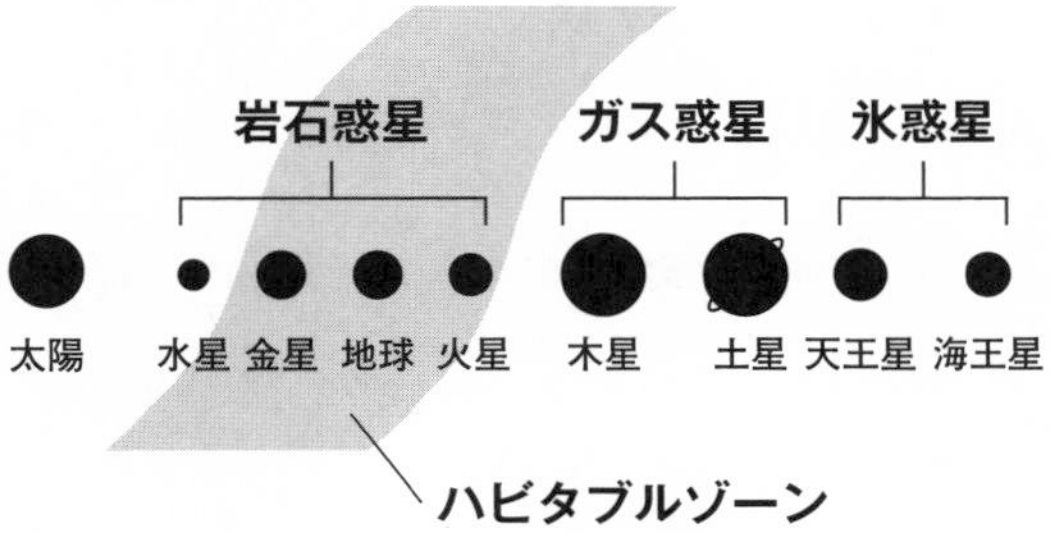

森のくまさん3頭が家に帰ってみると、ひとつのボウルのお粥がなくなり、誰かが腰掛けた椅子がひとつ、誰かが寝たベッドがひとつあることに気づく。1918年に刊行された『English Fairy Tales』の挿絵より。Illustration by Arthur Rackham

火星には水が存在している

ハビタブルゾーンに入っている地球の隣の火星は、地球と同じく、主に岩石からなる「岩石惑星」です。

火星の表面は、現在は干からびた砂漠の様相《ようそう》ですが、初期の頃には表面に水が存在していたという分析がなされています。水が流れていただろう跡は地表にも地下にもあり、湖の跡も見つかっています。

火星は、大気が薄く、地球と比べると1000分の7程度しかありません。太陽から地球よりも遠いため、温度も低いですから、氷として存在するほうが今の環境からは現実的だと考えられていました。でも、もしかすると昔は火星の環境も違い、氷は水として存在し、生物が存在しやすかったのではないかというのです。

実際に比較的浅い地下に氷が存在していることをNASAの火星探査機「フエニックス（Phoneix)」が発見しました。アリゾナ大学が中心となり、カナダ宇宙庁（CSA）やロッキード・マーティン社など航空産業が協力して進められたものです。またＥＳＡ（欧州宇宙機関）の火星探査機「マーズ・エクスプレス（Mars Express）」は、火星の南極付近の氷の下には湖があることも突き止めています。過去に水があっただけではなく、今も存在するという証拠となるデータを発表したのです。

火星探査プログラム「マーズ２０２０」

火星探査の中でもＮＡＳＡの「マーズ２０２０（Mars 2020）」というミッションは、生命がいたのかどうかを調べています。火星のなかで水があっただろうと考えられるジェゼロ・クレーターが探査先です。ジェゼロ・クレーターのあたりは、火星が今よりも温暖な気候だった頃、湖があった場所と特定されていました。そのあたりの石や岩を採取すると、36億年前の火星の様子がわかるだろうというのです。

マーズ２０２０は、２０２０年7月30日にパーサヴィアランス（Perseverance／忍耐の意。ニックネームはパーシー）という名前のついたローバー（探査

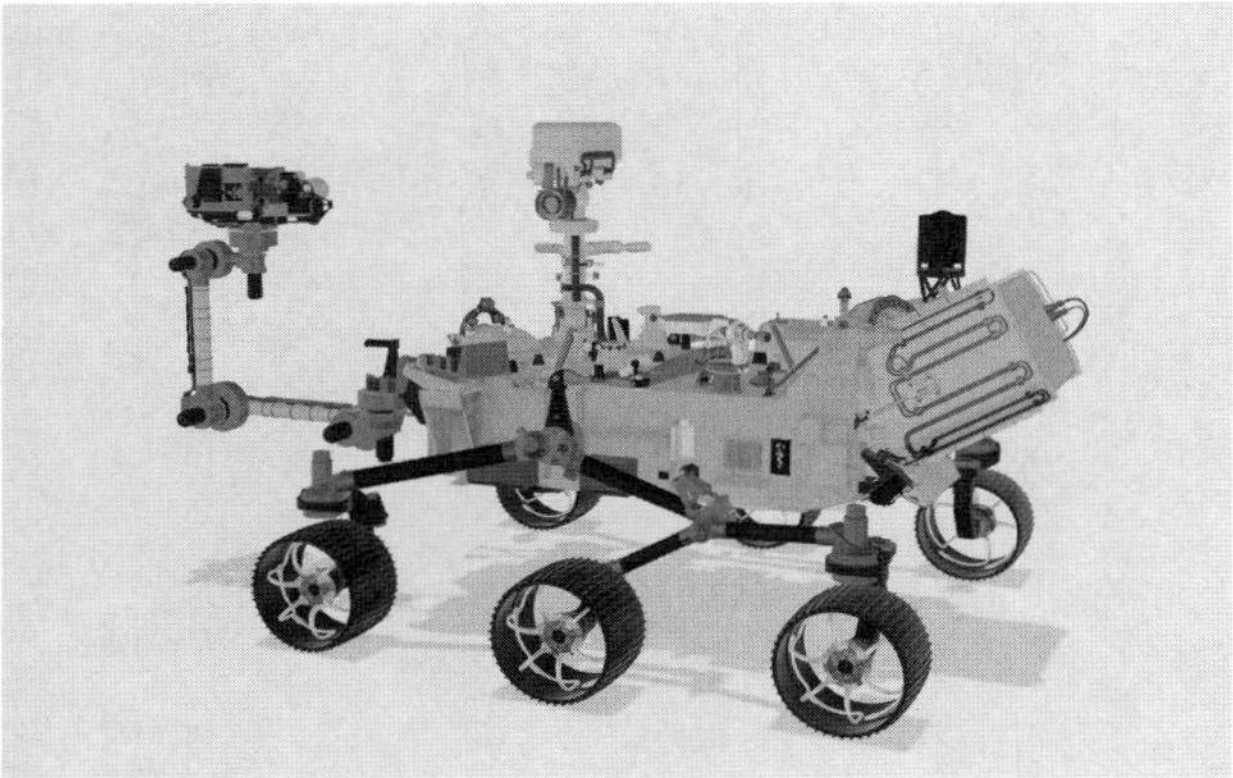

マーズ2020のローバー、パーサヴィアランス。全部で23個のカメラがついている。ウェブサイトでは360度どの方向からも見ることができる。 Credit:NASA

車）と、インジェニュイティ（Ingenuity／創意の意）という小型のヘリコプターを打ち上げ、2021年2月18日にジェゼロ・クレーターに着陸しました。

最も接近した時でも地球から火星までの距離が約5500万キロメートルと、地球から月までの距離の150倍ほど遠く、遠隔で操作をするのにタイムラグが生じます。しかし、無人探査の際、遠隔操作によらず自律した動きができる範囲が広くなり、火星探査を取り巻く環境は改善してきています。

これまで火星探査は失敗が多かったため、「Mars Curse（火星の呪い）」と呼ばれることもありました。技術的に難しかった原因は、火星の大気が薄いことです。パラシュートでの着陸では太刀打ちできない上、大気圏に突入する時の熱はある程度発生してしまい簡単には着陸できません。そのため、吊り下げながら徐々に火星の表面に下ろすスカイクレーンという工夫も凝らされるようになりました。今ではローバーが火星の表面を観察したデータから地図ができ、NASAジェット推進研究所（JPL）がウェブ上でインタラクティブな地図を提供しており、「Mars Trek」というウェブサイトでは、火星の表面を見ることもできます。

Mars Trek（英語）

パーサヴィアランスのウェブサイト（英語）

火星への出発ラッシュ

火星探査は、火星と地球が接近するおよそ2年ごとに打ち上げの条件に恵まれます。そのため、2020年には、先ほどのマーズ2020のほか、中国やアラブ首長国連邦（UAE）の探査機が地球を旅立ち、出発ラッシュが起こりました。

中国からは、火星を周回するオービター、着陸した地点を探査するランダー、走り回って探査するローバーが向かいました。オービターは、すでに火星にいたNASAのパーサヴィアランスの様子を画像で捉え話題にもなりました。2022年6月末には、火星全体の撮影に成功したとの発表もあり、オービター、ランダー、ローバーの3点セットを一気に火星に向かわせたことは快挙とされ、国際宇宙航行連盟（IAF）は2022年度の世界宇宙賞を贈りました。祝融《しゆくゆう》号と呼ばれるローバーは、ユートピア平原と名付けられた火山岩に覆われた地域に降り立ちました。その地表の下には水が凍結している可能性があり、この地域を探索して氷があるかどうかを調べました。学術誌「ネイチャー」に掲載された論文によりますと、着陸部付近の風成地形（風で砂などが運ばれてきた地形）から、約40万年前に氷河期が終わり、火星で大きな環境の変化があったことを示唆する風や砂の跡が確認できたということです。

また、日本の種子島からＪＡＸＡのＨ２Ａロケットに載り、２０２０年に打ち上げられたＵＡＥの火星探査機アルアマル（アラビア語で希望を意味し、英語名はＨＯＰＥ）もあります。中東・アラブ諸国では初の火星周回軌道への探査機で、火星の気象の計測により、水素や酸素がどのように火星表面から宇宙空間へと出ていくのかを調査しようというものです。また火星の大気の動きを経年調査することも計画に入りました。

アルアマルのウェブサイトには、打ち上げの場となった日本の技術者や関係者、ＵＡＥの女性研究者や関係者の写真が掲載され、日々進んでいく国際プロジェクトの様子が垣間見られます。地域を超えて、また若い世代の科学者やエンジニアが世界中で活躍する時代であることを感じます。

火星の「月」からのサンプルリターン

日本からも、火星圏に探査機を飛ばし、火星の「月」からのサンプルリターンが計画されているMMX（火星衛星探査計画）があり、2026年度の打ち上げが予定されています。

そもそも、火星には2つの衛星、つまり地球にとっての月があります。地球には月は1つなので、月が2つ以上あること自体なじみがないことかもしれないのですが、地球以外の惑星にはたくさんの衛星を持つものもあります（図11）。

火星のまわりは、フォボス（Phobos）とダイモス（Deimos）という衛星が周回しています。MMXは、フォボスからサンプルを取り、地球に持ち帰って

アルアマルのウェブサイト（英語）

くる計画で、フォボスに降ろすローバー「イデフィックス（IDEFIX）」は、すでにCNES（フランス国立宇宙研究センター）とDLR（ドイツ宇宙航空センター）が協力して開発し、完成しています。

火星と木星の間の「スノーライン」

先ほど小惑星リュウグウのサンプルが、太陽系のはるか遠くから地球の有機物がきた可能性を示唆することを紹介しました。同様に、水も地球に運ばれてきたものかもしれません。水の豊かな地球に、もともと水がなかったなど、にわかには信じがたいところです。しかし、本来、岩石惑星である地球には水はなかったのだろうと考えられています。

太陽系には「スノーライン」と呼ばれる境界ゾーンがあります。ハビタブルゾーンを紹介した図12をもう一度見てみてください。太陽系の惑星は、岩石惑星、ガス惑星、氷惑星と並んでいます。地球や火星が岩石惑星である一方で、木星はガス惑星です。スノーラインは、火星と木星の中間あたりにあるとされ、その内側にあるのが岩石惑星、外側にあるのがガス惑星です。

太陽系が形成されていた時期には、スノーラインの外側では、水は氷として存在し、内側では水蒸気として存在していたと考えられています。宇宙空間は圧力が低いので、水は液体の状態では存在していませんでした。岩石惑星には水はなかったのですが、スノーラインの外側からやってくる隕石や小惑星に氷を含むものがあった場合、地球に氷の形で水がもたらされたという仮説が立てられます。

スノーラインの境界に近い火星の衛星フォボスとダイモスには、スノーラインの外側から氷や有機物が運ばれ形成された跡が残っている可能性が高いのです。そのような衛星からサンプルを持ち帰り、分析することによって、スノーラインの内側にある火星や地球の水がどこからきたのか手がかりが得られる可能性があります。

金星で生命を探す

地球のもうひとつのお隣さんである金星の場合はどうでしょうか。

金星も、火星や地球と同じく、岩石惑星です。ただ、太陽に近いため、灼熱《しゃくねつ》地獄と呼ばれることもある金星は、二酸化炭素が主成分の大気に覆われています。また、硫酸の雲が厚く、太陽光線が金星の地表に届かないほどです。

金星は、2020年にフォスフィンと呼ばれるリンと水素の化合物が見つかり、もしかすると生命が存在する証拠ではないかと注目されました。このフォスフィンは、地球上にもあるのですが、沼や湿地で発生する可燃性のある有毒ガスで、低酸素環境に住む微生物が生成しています。

これまで、木星や土星で、生物によってではなく、高温・高圧によって生成されたフォスフィンが見つかっているので、フォスフィンがある＝生命発見とはならないのですが、金星のフォスフィンの謎に立ち向かうべく、ＭＩＴ（マサチューセッツ工科大学）の研究者チームがVenus Life Finder（金星の生命探査）を立ち上げました。その名の通り、金星に生息しているかもしれない生命を探す金星探査ミッションです。
第1段階は、3分から10分ほど金星の大気圏に突入し、金星の雲を構成する水滴の形状やその化学組成について調べる予定です。その後、気球を使って滞空しながらの探査活動やサンプルを地球へ持ち帰ることなどが構想に入っています。この金星において唯一の生命探査ミッションは、2025年の打ち上げを予定しています。

金星探査機「あかつき」

地球のすぐ内側を回る金星は、地球と大きさや重さが近いために、地球の双子の星とも呼ばれます。そのため金星を知ることで、地球のことが科学的にわかるのではないかと期待されています。実際に走り出している金星探査ミッションは、金星の大気やそのユニークな地形に焦点を当てています。

まず地球と金星の大きな違いは、金星を取り巻く大気の状態です。地球の自転は1日に1回ですが、金星は非常に遅く、自転に243日をかけます。しかし、その速度をはるかに上回る高速（秒速100メートル）で大気が流れ、4日で金星を一周するのです。その速さから、スーパーローテーションと呼ばれるのが金星の大気の動きなのですが、どうしてそのような動きが起こるのでしょうか。地球での気象の仕組みでは説明ができないのです。

日本からは、あかつきという探査機が2010年に打ち上げられ、2015年に、金星を約10日で1周する楕円軌道に乗り調査を始めました。2021年に、あかつきの赤外線画像を解析することにより、この高速大気循環のメカニズム解明にこぎつけ、「ネイチャー」に「金星の夜間の大気循環を解明」というタイトルの論文が発表されました。金星を覆っている雲の動きを昼も夜も1時間毎に観察し続けたデータをもとに、夜には昼間と逆に動く流れが生じている証拠を摑んだのです。

2030年代の金星探査

NASAからの金星探査機は2つあり、2030年代に金星に着陸することを目指しています。

「ダヴィンチ・プラス（DAVINCI+）」というミッションでは、テッセラと呼ばれる金星の地形の画像を高解像度で撮り、地球の大陸のようにプレート（岩盤）が広がっているのかどうかを調査する予定です。また金星の大気の組成を詳しく調べることも計画されています。

もうひとつのミッションは「ヴェリタス（VERITAS）」と名付けられ、金星のまわりを回りながら、金星の表面を観測し、金星の地形を3Dマッピングする計画です。金星の全貌を解明していこうというものです。

ESA（欧州宇宙機関）からは金星探査を担う「エンヴィジョン（EnVision）」があります。大気の組成のほか、金星の地下の地形も調査しようとするもので、低周波数の電波を使って地下の様子を探る機器や、金星内部の構造を調べる電波実験装置が搭載される予定です。

このように2030年代に金星の探査がぐんと進む予定で、お隣の双子の惑星のことがわかると、地球の気象現象や地球の成り立ちも、より正確に説明できるようになると期待されています。

「巨大なガス惑星」木星の探査

太陽系で一番大きな惑星、木星への探査計画は進んでいるのでしょうか。

木星は、地球などの岩石惑星と違い、膨大なガス（ヘリウムや水素）でできており、「ガス惑星」に分類されます。ガスのかたまりのため、明確な表面はありません。地球の３００倍以上の質量で、巨大な重力を持っています。

そんな木星に向かって、２０２３年にＪＵＩＣＥ《ジュース》（Jupiter Icy Moons Explorer）という探査機が地球を旅立ちました。

ＪＵＩＣＥの組み立てが最終段階に来ている時、フランスのトゥールーズのエアバス社にて、その機体を見せてもらいました。大きな工場の真ん中に足場を組んでＪＵＩＣＥを置き、細部まで点検をしながら丁寧に作り上げているところでした。本当にこれが木星まで行くのか。こんなに大きくて、でも宇宙からするととても小さな探査機。ところどころが職人さんの手縫いになっている探査機を初めて見る私には、本物かどうかを見極める術さえもありません。

足場をつたって数メートル上に登っていくと、「さあ、もうすぐだ、行ってきてくれ。後のことは、僕の次、あるいは、その次の次の研究者たちに任せたぞ」と言う並々ならぬ気合いの笑顔の人物がいます。少し話を聞くと、その方がプロジェクトマネージャーで「ほら、日本からのお客さんだよ」とJUICEに私たちを紹介してくれる余裕もありました。

そのJUICEが打ち上がったのは、2023年4月14日。ESAのアリアン5というロケットに載り、南米フランス領ギアナの宇宙基地から打ち上げられました。私はオンラインで、JUICEがロケットから切り離され、ソーラーアレイと呼ばれる太陽電池が並んだパネルを展開する様子を見ながら、プロジェクトマネージャーの眼差しを思い出し、応援していました。

その眼差しには言葉以上に伝わってくる気合いがあったのですが、それもそのはず、彼は、何もかもをやり切ったと、その打ち上げの成功を見守ってリタイアされたと聞きました。あの日、彼が「後のことは、僕の次、あるいは、そ

衛星ガニメデが、木星に隠れようとしているところ。Credit:NASA

の次の次の研究者たちに任せたぞ」と言ったのは、本当だったのです。

10年かけて木星の衛星に向かう

プロジェクトマネージャーがキャリアの全てを注ぎ込んだJUICEは、打ち上げから10年かけて木星の衛星に向かいます。
そもそも木星は巨大なガスの塊なので、直接探査をするのは至難の業です。ですから、木星のまわりを調査したり、木星ができた頃の物質が残っていると考えられる木星の衛星を調べるのです。

木星には多くの衛星があり、その数は95個にも上る可能性があると言われています。月が95個あったら、それはそれで大変そうです。ＪＵＩＣＥは、その中でも特に大きなエウロパやガニメデにアプローチして探査するのです。

エウロパとガニメデを含む衛星のうちのいくつかは氷と岩石でできていて、その氷が内部では溶け出していて、海になっているということがすでにわかっています。水があり、海まであるのですから、そこに地球外生命が存在するかもしれません。生命が存在しているのか、あるいは生命が存在できる条件下にあるのか、という問いにも何かしらの答えをもたらすことが期待されているミッションです。

答えがもたらされるのは、10年以上先にはなりますが、太陽系を形作る要《かなめ》になったと考えられている木星とその衛星について、ＪＵＩＣＥが送ってくるデータを待つ楽しみがあります。また、２０２４年10月に打ち上げが予定されているＮＡＳＡジェット推進研究所（ＪＰＬ）の氷衛星探査機「エウロパ・クリ

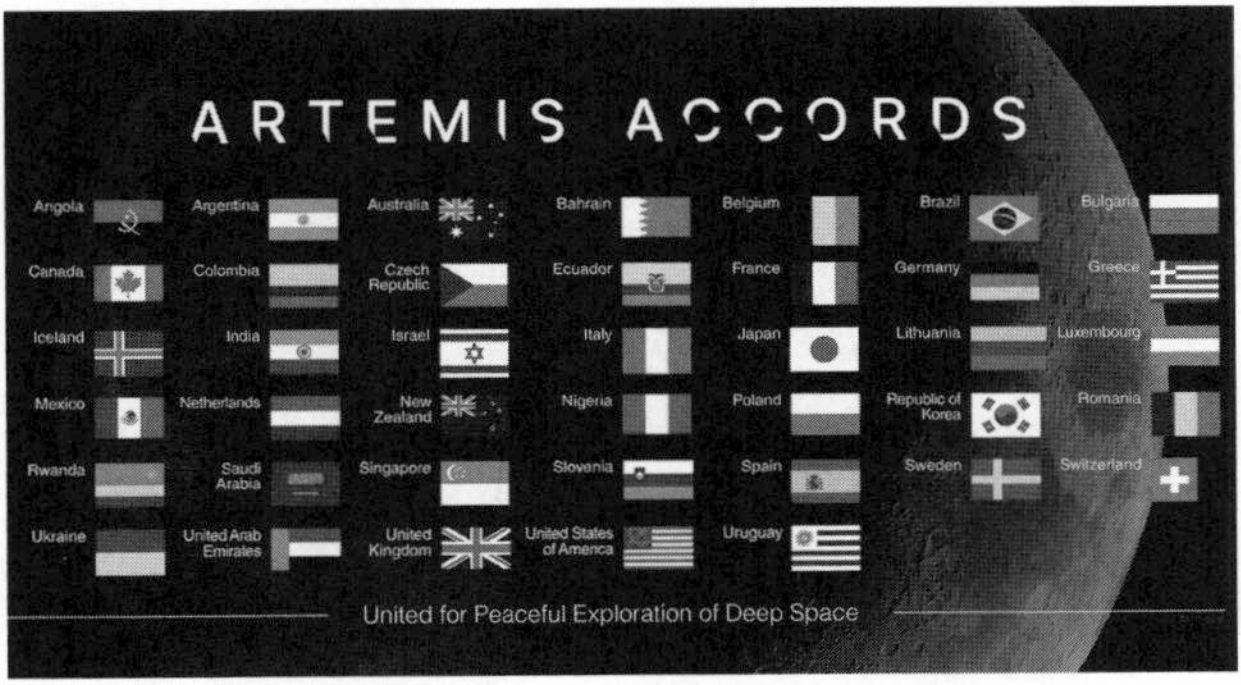

2024年5月の時点で、40か国が参加しているアルテミス計画。

ツパー（Europa Clipper）」もJUICEの調査に協調して、木星系の探査をより深めてくれそうです。

40か国が参加するアルテミス計画

多国籍の宇宙開発プロジェクトは、大きなものが2つ進行中です。

ひとつは、NASAが主導するアルテミス計画（Artemis Program）。2024年5月現在、40か国が参加していて、その数は徐々に増えています。ケネディ元大統領は、難しいから月に行くのだと言いましたが、今回は、NASAのウェブサイトに次のように書かれています。

「科学的探求のために、経済により良い影響を与えられるよう、そして、アルテミス世代と呼んでいく次の世代の探検家たちにインスピレーションを授けられるように、月にもう一度行くことにしよう（We're going back to the Moon for scientific discovery, economic benefits, and inspiration for a new generation of explorers: the Artemis Generation）」

アルテミス計画の目的は、大きく分けて、科学・経済の発展と次世代の育成となっているのです。

アルテミスは、ギリシャ神話でアポロンの双子とされる月の女神のことです。その名が表す通り当面のマイルストーンとなる目標は、もう一度宇宙飛行士を月に送ることという、アポロ計画の続編のようなプロジェクトになっています。

しかし、それが最終目標ではないのがアルテミス計画です。「月、火星、またその先へ」とコンセプトが打ち出されているように、月を超えた有人火星探査が視野に入っています。そして火星探査さえも最終目的ではなく、もっと先に、未知の世界に、国際協力をしながら探査を進める計画をアルテミス計画と呼んでいるのです。

月のまわりを周回する宇宙ステーション

アルテミス計画の最初の段階となる「アルテミスⅠ」は、無人で月周回の技術を試行するものでした。宇宙飛行士を最初から乗せることはせず、SLS（Space Launch System）というロケットと宇宙船オリオンを、いったん無人で飛ばして、安全性や技術的な面を確認しておくものです。2022年の11月から12月にかけてすでに実施され、オリオンは、月面まで約100キロメートルまで近づき、その後に地球に帰還するところまで完遂しています。

次なる「アルテミスⅡ」は、宇宙飛行士4名がオリオン宇宙船で月のまわりを巡り、地球に帰還するというものです。月面への着陸までは想定していない反面、軌道上でさまざまな実験を行い、地球に帰還する計画で、2025年9月に実施される予定です。

また同時に月の軌道上に、ゲートウェイという宇宙ステーションを作る計画があります。地球のまわりを周回する国際宇宙ステーション（ＩＳＳ）のようなものですが、サイズは6分の1程度。月のまわりに人間が滞在する拠点を持つ予定です。

「アルテミスⅡ」の結果を受けて修正もあり得るとはいえ、第3章でリサイクルロケットとして紹介したスターシップが、「アルテミスⅢ」で月に宇宙飛行士を運ぶ役割を担う予定です。これは２０２６年以降になるのですが、「アルテミスⅢ」で、女性宇宙飛行士が初めて月面に降り立つことも想定されています。また、宇宙飛行士たちは月に降り立つだけではなくて、月周回軌道上で待ち合わせた月着陸船（ランダー）に乗り換えて、月の南極付近に向かい、氷を含めた月にある資源を探査する予定です。

２０２４年4月には、岸田文雄首相がワシントンＤＣを訪問した際、日本人宇宙飛行士が月面に降り立つ機会を2回提供してもらうことを約束しました。２０２０年の12月にはＮＡＳＡとの間でゲートウェイ計画に参画する覚書に署名していたのですが、宇宙飛行士に関する具体的な約束が正式に結ばれる機会となりました。

宇宙飛行士が月面で活動する際に乗るローバーは日本が開発を進めています。そのローバーを提供し、運用するための資金を日本が負担することをバイデン大統領と岸田首相の間で確認しました。取り決めの詳細はＮＡＳＡの長官と日本の文部科学大臣の間で署名されています。

多様性を重視するテラ・ノヴァ計画

アルテミス計画の他にも、地域別での協調が見られるのがヨーロッパで、22か国（プラス協力国としてカナダ）が加盟しているＥＳＡ（欧州宇宙機関）が２０３０年を見据えてとりかかっている「テラ・ノヴァ（Terrae Novae）計画」があります。

アルテミス計画が、「月、火星、またその先へ」というコンセプトを掲げているのと似ているようでもう少し具体的な要素を持っているのが、このテラ・ノヴァです。ウェブサイトでは次のように、科学の進歩こそが目標とするところである、と綴《つづ》られています。

「好奇心は宇宙探査のエンジンともなる原動力であるものの、得られる知識こそが我々の求めているものです。科学とその発展が、宇宙探査をより現実のものとし、得られた科学知識が、我々人類の歴史を明らかにし、未来へと導いてくれるでしょう。以前、ペール・ブルー・ドットと呼ばれるイメージが、宇宙では小さな点にしか見えない我々の地球の姿を見せてくれたように、これから宇宙探査で得られる知識は私たちに、私たちと私たちを取り巻く環境を理解するための鏡をくれるのです（While curiosity is the engine of space exploration, knowledge is the ultimate destination. As science and its applications will make space exploration a great reality, the knowledge acquired will reveal our history, inform our future, and give us a mirror - like the Pale Blue Dot - for an enhanced understanding of ourselves and our environment)」

テラ・ノヴァでは、「低軌道・月・火星」へのアプローチが示されています。

たとえば、低軌道にある国際宇宙ステーション（ＩＳＳ）に長期滞在するヨーロッパからの宇宙飛行士の数を増やすこと、その飛行士の中には身体に障がいがある人も含めており、多様性と平等を重視したプログラムにすることを当面の目標として掲げています。

これは、ＩＳＳでの活動が地球上の社会の発展を促すという、地球と宇宙の境がなくなったレベルの活動を示唆しています。次世代の育成や、低軌道での宇宙産業の発展などにも取り組むことが掲げられ、テラ・ノヴァが長期的なヴィジョンを持った計画であることも確かです。

どの産業においても、新しいプレーヤーの活躍が既存のストラクチャー（構造）を変えるように、宇宙にもその動きがあります。世界を見るとたくさんの例がありますが、たとえば日本でも、ＪＡＸＡだけでなく、民間の高砂熱学工業が月面で水を分解して酸素と水素を作る月面用水電解装置を２０２４年３月に公開しました。２０２４年の冬にispace社の月着陸船に搭載されて打ち上げられる計画です。

ＮＡＳＡが多国籍プロジェクトを主導したり、ＥＳＡが地域をまとめたり、という動きと同じくらい活発に、民間での研究開発と実践が盛んになってきているのです。

このように多くのプレーヤーたちが宇宙にかかわる仕事をするようになると、宇宙業界がこれまで以上のスピードで発展していきます。一方で、宇宙におけるマナーやルールも、明文化していく必要が出てきます。次の章では、「宇宙条約」の現状や、宇宙の環境を保全するための国際的な取り組みなどについて見ていきましょう。

第7章

宇宙の環境と地球をどう守るのか

宇宙に核兵器を持たない「宇宙条約」

２０２４年3月にアメリカと日本が国連の安全保障理事会にて、宇宙に核兵器を持つことを禁止する決議をするように求めました。これはロシアが、何かしらの兵器を打ち上げる模様だ、という情報が2月に得られたことに対してのものと言われています。のちに、ロシアが宇宙空間で人工衛星を攻撃する技術を開発していることが発端だったことがわかったのですが、同年4月に常任理事国のロシアが拒否権を行使し、中国が棄権をして、決議案は否決されてしまいました。

１９６７年に発効になった宇宙条約（The Outer Space Treaty）では、ロシア、アメリカや中国を含む１１５か国が核兵器やその他のあらゆる大量破壊兵器を軌道に乗せたり配置したりしないと約束しています。これは、１９６６年に合意に達した条約ですが、あらためて約束し直していかなくてはならない局面に来ているのです。

南極の３倍ほどしかない月の環境を守るには

先述のアルテミス計画では、月や月のまわりを回る宇宙ステーション（ゲートウェイ）で生活できるようにすることが謳《うた》われていますが、ロシアや中国をはじめとするその他の国や企業も月面進出を計画しています。

ただ月面の面積は、地球の南極の３倍ほどしかありません。全ての場所が居住基地建設に向いているとも考えられませんので、基地を作ることができる面積自体限られています。ある程度持続的に生活をしていくために基地を作っても、すぐに人口過密になるかもしれません。まだ月面へ降り立っていませんが、これから計画が進んでいくことを見据えて、現時点から、すぐにでも月の環境を守るため、保全に関する取り決めをするべきだという声があります。

リーブ・ノー・トレイス（Leave No Trace）という考え方があり、これは自然環境に足を踏み入れた際、環境を保全するために、形跡を残さないようにしようというものです。月やほかの星でも、同じように、リーブ・ノー・トレイスであるべきだとみんなが思い、そのように計画をすればいいのですが、現在まで、相当な廃棄物や汚染が確認されています（早いものでは、アポロ計画でも、その着地点にカメラなどの精密機械や部品、排泄《はいせつ》物などを入れた袋、旗やゴルフボール、聖書を残してきています）。

宇宙ゴミは1万5899個もある

第3章で触れたように地球のまわりの軌道上にある、運用を終えた人工衛星やロケットのエンジンなどの人工物体を宇宙ゴミ（デブリ）と呼びます。宇宙ゴミは増え続けていて、２０２４年2月のＮＡＳＡの発表によりますと、一辺が10センチ以上の人工物体は、２万７７０６個あるとされ、追尾されています。そのうちの半数以上、１万５８９９個が宇宙ゴミとされています。[※8] 日本が排出した宇宙ゴミは全部で１１３個。宇宙ゴミは、ロシア、アメリカ、中国が排出国としては多く、それぞれ４０００から５０００個です。

国際宇宙ステーション（ＩＳＳ）にも宇宙ゴミが近づいてきて、その高度を変えざるを得ない、という事態になっています。ＩＳＳには宇宙飛行士が滞在

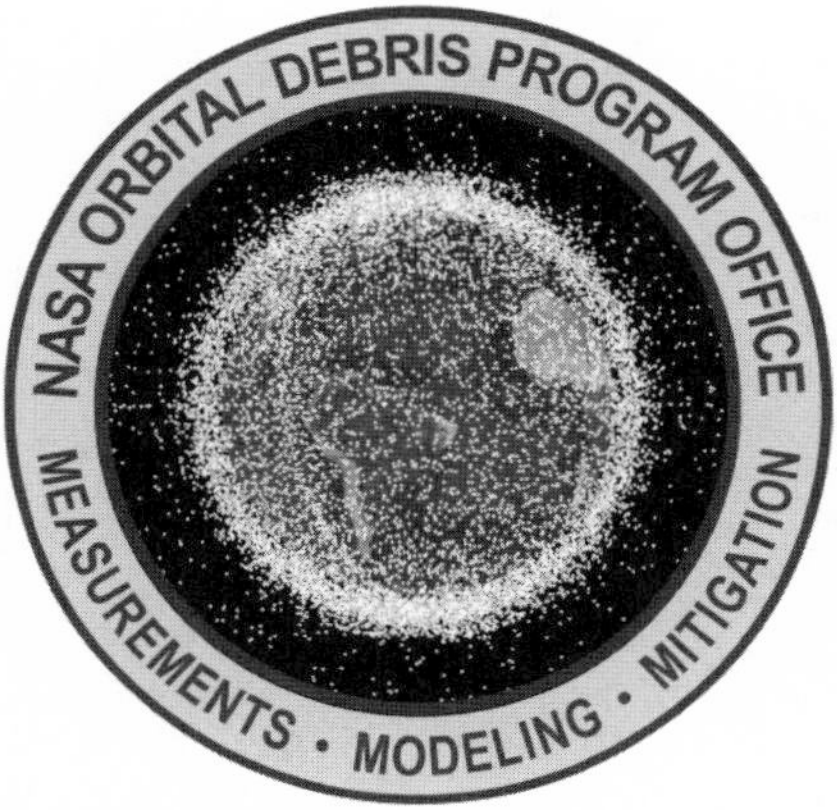

宇宙ゴミの問題を扱うNASAの「Orbital Debris Program Office」のロゴ。地球のまわりにあるたくさんの白い点が宇宙ゴミを表している。

しているので、まともにぶつかるような衝突はあってはなりません。高度を調節することで回避できた実績があるとはいえ、小さい宇宙ゴミであっても、それらがたくさん軌道上にあることは大変危険です。

　地球上で産業が発展した時に大気汚染などの公害が発生し、その都度、対応を迫られてきているように、あらゆる産業で「サステナビリティ」つまり持続可能性は重要だと認識されています。数は多いほうがいい、売り上げが伸びればいいと目先のことだけを考えるのではなく、長い目で確かな成長を遂げられるように業務の目標が定められる時代がきているように、宇宙でも今のままゴミを放っておいたり、これ以上のペースで宇宙ゴミを排出することにはストップがかかっているのが現状です。

アメリカで軌道上の安全を管理する連邦通信委員会（FCC）は、打ち上げる小型衛星がエンジンなどを搭載して軌道から離脱する仕組みを備えていると、打ち上げに関する手続きを早めるなどの優遇措置で、デブリ化の対策をしています。スペースXのスターリンクには、小型エンジンが付いており、衝突を回避するように指令ができたり、運用終了後の軌道離脱もできるように工夫されています。

惑星を保護するための国際ルール

NASAには、惑星の環境保全に取り組む「Planetary Protection（惑星保護）」という部署ができています。太陽系を地球からの排出物で汚染することを避け、また他の惑星などから持ち帰ったもので地球を汚染するのを防ぐことを目的とし、持続可能で責任を持った宇宙探査にしようと呼びかけています。

国連には、宇宙空間平和利用委員会(COPUOS : Committee on the Peaceful Uses of Outer Space)という委員会があり、惑星保護についての話し合いも進めています。また、国際宇宙空間研究委員会(COSPAR : Committee on Space Research)という学術的な団体でも、惑星保護について話し合いを進めようと国際会議を企画しています。

これからは、惑星に行けるかどうかだけではなく、どのように宇宙の環境を保全していくのかも考えなくてはなりません。このような一連の問題やそれらへの取り組みには、国際的に効力を持つ法律や、組織が必要になります。国際協力の大前提として、全ての国やプレーヤーが守るべき規律の話し合いと明文化が必要な局面に来ているのです。

注目を集める宇宙資源

もちろん国際的な取り決めを作っていくのは簡単なことではありません。現在の潮流としては、国際的な取り決めをソフトな形で話し合いながら、実際は国内でそれぞれが法整備をしている状況です。一例としては、ルクセンブルクが2016年に宇宙資源の平和的な探査と持続可能な活用を推進する政策を発表し、2017年にいち早く宇宙資源法を国内で定めました。

日本でも、同様の法整備への動きがあります。2021年12月に施行された「宇宙資源法」です。民間企業が宇宙空間で採取した資源について、その所有権を国として認めるとする法律が国会で成立しました。

宇宙資源には様々なものがありますが、月には、地下に水やメタルやミネラルがあります。その中でも、とくに月の水資源に関わるビジネスが注目されています。前述のアルテミス計画が月面に基地を作るのと並行して、人類が定住できる環境に作り変える「テラフォーミング」が一つの産業として発展する可能性があるからです。

隕石衝突にどう備えるか

さて、これまで触れてきていなかった宇宙への眼差しに、隕石衝突への備えというものがあります。

映画や小説などでもなじみがあるかと思いますが、地球に隕石が落ちてくるという、いわば空想の世界に留めておきたい類のものです。しかし実際には、太陽系では隕石の衝突はよく起こっており、一般には「天体衝突」と言われます。

地球や月にはクレーターがありますが、クレーターができた原因のひとつは隕石の衝突だと言われています。天体と天体がぶつかることは頻繁に起こっているのです。現に、恐竜を絶滅に陥れたのも直径10キロメートルを超える大きな隕石の衝突であったという説が有力とされています。

彗星や小惑星など、地球に近づいてくる軌道をもつ天体を総称して「地球近《ちきゅうきん》傍天体《ぼうてんたい》（NEO : Near-Earth Object）」と呼んでいます。それらを常に観測しておくことが、隕石衝突を予知することに繋がります。しかし、もし恐竜を絶滅させるくらいの環境の変化をもたらす隕石が地球に来るとわかったら……事前に、迫ってくる隕石をはねのけたり、何かしらの工夫をして危険を回避できないかという議論に繋がります。

隕石の軌道を変えるための実験

ＮＡＳＡは、隕石の軌道を何らかの衝撃で変えるというアイデアを実際に実験しました。「二重小惑星進路変更実験（DART：Double Asteroid Redirection Test）」という難しそうな名前ですが、コアになるアイデアはシンプルです。小惑星とそのまわりを回るもうひとつの小惑星をターゲットとし、宇宙機がそれらに近づき、まわりを回っているほうの小惑星に意図的にぶつかることで、その衝撃によってどのように軌道が変わるかを観察するというものです。

小惑星の名前はディディモス（Didymos）。まわりを回るほうはディモルフォス（Dimorphos）という名前ですが、初期にはディディムーンとニックネームがついていたように、地球とそれを回る月のような星があったと考えると、

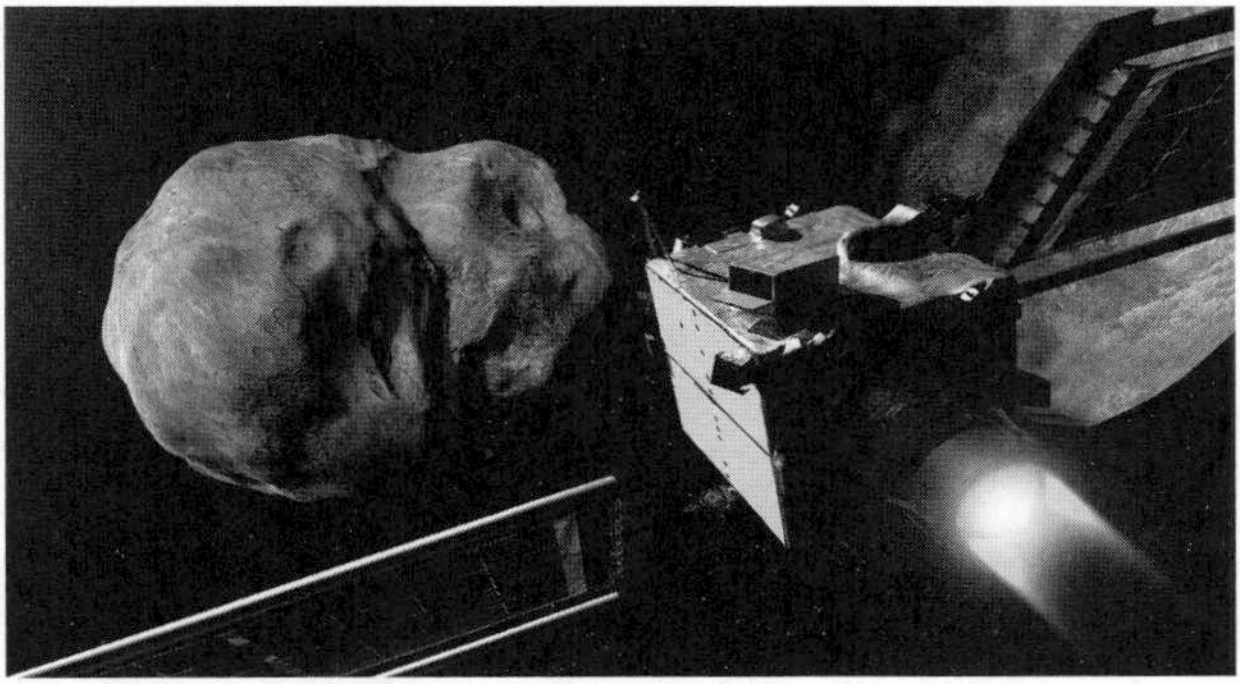

「二重小惑星進路変更実験(DART)」のイメージ図。
Credit:JPL / NASA / Johns Hopkins APL / Steve Gribben

覚えやすいかもしれません。

２０２２年9月、実験の様子はインターネット上でライブ配信されました。ディモルフォスにどんどん近づく宇宙機から刻々とディモルフォスの表面の映像が届きました。近づいていきながら、こんなふうに隕石が地球にやってきたらと、少し怖い気持ちにもなりつつ、宇宙機が最後の最後までデータを地球に送っていたので、ディモルフォスに飛び込む直前まで、近づく表面の様子がライブでも見えていました。衝突する場面に立ち会うのは、今考えると、ＳＬＩＭの着陸を見守った時や

H3ロケットの打ち上げを見た時とは正反対なくらい、現実を見守ったのか確かでないような、全く違う種類の感覚が身を覆っていました。

NASAは、この衝突でディモルフォスの公転周期を73秒以上変えることができれば実験は成功だと発表していました。実際には32分ほど縮んだとのこと。人類が初めて天体の運動を衝突により変えた実験となりました（巻頭カラー写真8）。ただ、手放しには喜べません。このように公転周期が大きく変わったということは、実験前の予測を驚くほど上回る事態です。人類が予測できることには限界があるということを再認識する機会にもなりました。

隕石衝突を回避することは地球防衛のひとつ

隕石が地球にぶつかるような場面を回避することは「プラネタリー・ディフェンス（地球防衛）」のひとつですから、このような事態には入念な備えが必要です。天体衝突は起こるものなので、その時が来る前に実験をしたり、事前に現実的で最善の方法を議論しておいたり、そのために必要な協力体制を作っておかなくてはなりません。

宇宙での天体衝突に地球がかかわってくる場合は、地球に住む私たちがどのように協力するかをある程度決めておくことが要になりますから、隕石を観察する天文関係者、メカニズムを考える科学者や実験のための宇宙機を作るエンジニアだけが考える問題ではありません。先ほど国際的な宇宙法の整備が必要だという点に触れましたが、プラネタリー・ディフェンスも、人類が手を取り合ってその賛否も含めて指針を話し合う時に来ていることは間違いありません。

はやぶさ2の新たな旅

プラネタリー・ディフェンスは、サンプルリターンを成し遂げたJAXAのはやぶさ2とNASAのオサイリス・レックスが臨む、次のミッションの目的としても掲げられています。

はやぶさ2は、サンプルが入ったカプセルを地球に届けた後、探査機の状態が良好であると判断され、2つの小惑星を目指し、新たな旅をスタートさせました。「拡張ミッション」とされる新たなミッションの愛称は、「はやぶさ2#（シャープ／SHARP：Small Hazardous Asteroid Reconnaissance Probe）」で、別の小惑星を探索することを目的の一つにしています。

どんな小惑星が選ばれたのでしょう。地球に衝突すると大きな被害を引き起こす可能性のある数十メートル級の小惑星です。万が一、そのようなサイズの小惑星が地球に飛んできた時に備えて、似た性質を持つ小惑星を探査し、科学的知見を広げておくことにしたのです。

オサイリス・レックスも、小惑星ベヌーからのサンプルを地球に届けた後、探査機に余力があると判断され、次なるミッションとしてオサイリス・エイペックス（OSIRIS-APEX）が発表されました。小惑星アポフィスの探査をします。

この小惑星は、2029年に地球に接近すると予測されています。地球に衝突はしないものの、この小惑星をターゲットにすることで、プラネタリー・ディフェンスの知見を広げる好機と捉えたのです。地球に近づくアポフィスは、地球の重力圏に入り、スウィング・バイのように、地球の近くを通ることで、その方向が変わる見込みです。アポフィスの上空を周回しながら、その時に起こる変化を観測し、表面の砂や小石を調べる計画です。

今後、地球にダメージを与えかねない小惑星が接近してきたらどうするのか。プラネタリー・ディフェンスの方策を練るための科学的な調査が始まっています。

注目を集める宇宙医学

最後に、宇宙医学についても触れておきたいと思います。宇宙医学は、多様化しながら発展している分野です。人間が宇宙空間に行ったら、体にはどんな変化が見られるのか、という医学的な所見を一度は耳にしたことがあるのではないでしょうか。また、ＩＳＳではラットなど小動物の実験も行われています。

しかし現在は、宇宙空間で人間の体がどうなるのか、という観点よりも、微小重力下の特徴を医学の発展に役立てられないものか、という考え方が盛り上がりを見せています。

ＩＳＳでは地球よりも重力が弱い環境であるため、重力が小さい場所で早くつくることができる（培養される）薬はないだろうか、というのが一例です。同様に、農業など、地球上よりも宇宙のほうがより早く、より多くのものが生産できるのであれば、目をつけるべきと考える企業が出てくるのは想像ができます。

このように、新しいビジネスの参入は、人々が宇宙の中に地球があるという考え方にシフトしてきていることの反映と考えられます。宇宙条約、宇宙環境についての国際的なルール、プラネタリー・ディフェンス、そして医学や科学の発展。どれをとっても、宇宙のことは、地球のこと、なのです。地球から宇宙に行くのはすごいという時代が、次第に目に見える形で終わりを迎えつつあります。

地球は宇宙にある。その宇宙で生きる人類として、できることを考えていくのが、これからの私たちの使命になっていくのだと思います。

第8章

「宇宙視点」を持つと、世界観が変わる

「地球は青かった」の本当の意味とは

「地球は青かった」

この有名なフレーズは、誰がどこで残した言葉でしょうか。

人類で初めて宇宙飛行をした人物が地球を見た時に口にした言葉です。答えは、旧ソビエト連邦の宇宙飛行士、ユーリ・ガガーリン。１９６１年4月12日のことでした。

彼は、たった一人でボストーク1号に乗り込み、地球の大気圏外を１０８分で1周し、帰還したのです。勇敢にも宇宙飛行に挑んだものの、生きて還ることができるかどうかもわからない実験的な打ち上げでした。その宇宙飛行から戻った彼が、まわりの暗さと比較すると地球が青かったことをメディアに話したことが、今では端的に「地球は青かった」として伝えられ、日本でも知られるようになりました。

彼に続く宇宙飛行士たちも各国から現れました。ＮＡＳＡのビル・アンダース飛行士が１９６８年、アポロ8号に乗り、地球を見た時は「月のことを知るために宇宙に来たのに、もっと重要なのは自分たちが地球のことを発見したことだ（We came all this way to explore the moon, and the most important thing is that we discovered the Earth）」と語ったそうです。地球がどう見えるかは聞いていた、想像していたにもかかわらず、本当に自分の目で見る地球は、地球が地球であることを考え直すきっかけになったと言うのです。

地球を思い描いてみる

みなさんは、宇宙旅行は現実のものになるとお思いでしょうか。まずは、飛行機に乗ったことがある方は、飛行機での空の旅を思い描いてみてください。滑走路から離陸し、急速に地上がぐんぐん離れて見える場面です。窓の外には、何が見えてくるでしょうか。

雲の上に行く一歩手前の眼下には、きっと街や、山や、川の鳥瞰図《ちょうかんず》が広がっていることでしょう。自分の住む場所を上空から見ることは、ちょっとした不思議な体験です。標高3776メートルの富士山であっても、3193メートルの日本アルプスであっても、飛行機からであれば、上から頂上を見下ろし、その全貌を見渡すことができます。

そのまま飛行機よりも上に、ぐんぐん、ぐんぐんズームアウトして、地球が丸ごと見えるところまでいくことをイメージしてみましょう。ビルより高く、山より高く、雲を越えて、はるかはるか上に昇ってみてください。一瞬だけ目をつぶって、地球を思い描いてみてください。

いかがでしょう。どんな地球が思い浮かべられたでしょうか。

「完全に想像以上」の地球

初めて地球を眺めた時、宇宙飛行士たちは声を揃えて、丸ごと見る地球は「完全に想像以上」だったと言います。もう数人の声を聞いてみましょう。

1965年に人類最初のスペースウォーク（宇宙遊泳）を12分ほどした旧ソ連の宇宙飛行士アレクセイ・レオノフは、「地球は小さく、水色で、そしてとても孤独だった。キリストやマリアの遺品などのように守らなければならない私たちの故郷。地球は丸かった。私は宇宙から地球を見るまで、『丸い』という言葉の意味を知らなかったと思う（The Earth was small, light blue, and so touchingly alone, our home that must be defended like a holy relic. The Earth was absolutely round. I believe I never knew what the word "round" meant until I saw Earth from space）」という言葉を残しています。

1960年代だと、画像がなかったからじゃないかとおっしゃる方の気持ちもわかります。しかし、そうだとも言えないようです。

テイラー・ワンは、上海で生まれたアメリカ国籍の宇宙飛行士で、レオノフから20年後、1985年にチャレンジャーに乗りました。彼は「中国の昔話に、少女を襲いに行った男たちが、その子のあまりの美しさに少女を守る役に転じたとある。初めて地球を見た時、そのような感じだった。愛すべき、大事にすべきものだと思った（A Chinese tale tells of some men sent to harm a young girl who, upon seeing her beauty, become her protectors rather than her violators. That's how I felt seeing the Earth for the first time. I could not help but love and cherish her)」と愛おしさを込めた感想を述べています。

さらに時を経て2008年、50人目の女性宇宙飛行士となったノルウェーに祖先《ルーツ》をもつNASAのカレン・ナイバーグは、「地球のあらゆる場所は他の場所と繫がっている。地球はひとつなんだ（Every single part of the Earth reacts with every other part. It's one thing)」という言葉を残しています。彼女は生態系を作っている生物たちがどれひとつとっても大事だと感じた、地球に帰ったら生きとし生けるもの全てを大事にしたいと思った、と振り返りました。

2009年、初の宇宙飛行士画家となったニコール・ストットは、時間を忘れてしまうくらい地球を眺めていたと言います。そこで、タイマーで時間を制限して国際宇宙ステーション（ISS）から地球を眺め、絵を描きました。彼女も「人類を住まわせ、ほかの生き物も住まわせる地球への新たなる賞賛の念を感じる（It gives you this renewed appreciation for Earth as a place that takes care of us, and also for all of those other living creatures that we share it with)」と言い、この感覚を伝えることを地球帰還後のミッションとして、フルタイムの画家に転身したほどです。

世界観を変える「オーバービュー・エフェクト」

宇宙から地球を見た時に感じることは、やはりある程度の共通性があるのです。そしてそれは研究の対象にされ、今では「オーバービュー・エフェクト（概観効果）」と呼ばれています。

そもそもオーバービュー・エフェクトという言葉のもとになったのは、アポロ14号に搭乗したエドガー・ミッチェルの体験談でした。彼は1971年に、「感覚の爆発（an explosion of awareness）」と「一体化を非常に感じる（overwhelming sense of oneness and connectedness）」と同時に「エクスタシー（an ecstasy）と悟り（an epiphany）に包まれた」と語りました。並べられた尋常でない言葉は、それまでの宇宙飛行士たちのように、筆舌に尽くし難い感覚を表そうとしています。視覚から入ってきた地球上では得られない情報は、感覚のシフトを起こし、果ては世界観や人生への理解をも変える、と。

宇宙に行った宇宙飛行士から聞いただけでもワクワクする話なのですが、その感覚は「存在するんだよ」と聞くだけではなく、最近はその状況を作り出す実験室が作られたり、ＶＲなどでも擬似体験することができます。もちろん、地球から離れていないという現実は頭の片隅に残りますが、擬似体験することで、オーバーヴュー・エフェクトが人々に認知されていくと、地球への考え方も変わり得るものだという見識が広がっています。

たとえば、立ち向かっている問題を深刻に捉えて悩むより、解決策を見つけて、それは「小さいこと」だと認識するために、英語では「step back（問題から離れてみる）」という表現を使うことがままあります。日本語で言うと「達観」という表現がぴったりくるのかもしれません。大きなスケールでものごとを考えてみると、目の前の問題に対して、あら、こんなに小さいことで頭を悩ませていたのかとハッとすることはよくあることです。そういう心持ちになったことで、難所を突破したという経験には説得力があります。そういった経験と同じように、オーバーヴュー・エフェクトも、多くの人が共感しやすい感覚でもあるのです。

オーバーヴュー・エフェクトは世界各地で確実に認知度を上げています。政治的に影響力を持たせようとする動きもありました。2017年には、アメリカの民間団体が、当時のトランプ大統領への抗議として、ドローンを上げ、ドローンから見た地平線を背景に、もっと視野を広げてくれというメッセージをインターネットに掲げました。

「宇宙視点」を持つことで課題を解決できる

地球上の自分、ではなく、宇宙のどこかにいる自分。考える視点の置き場所を変えてみる。あるいは、視点を自分から離し、他人からも離し、国からも離し、大きな青い惑星全体を眺められる場所に置くことで、地球上の誰もが手を取り合うきっかけを作ることができると思います。

私たちの意識の中にある「宇宙視点」という見方を芽生えさせ、広めていくことこそが、地球上で、人類が立ち向かっている国と国の境のない問題、たとえば気候変動といった課題を解決することに一役買えるのではないでしょうか。そして、個人のレベルでも、「宇宙視点」を持つことで、日常で直面する問題にとらわれて悩みすぎることなく、より楽しい人生を送ることができるのではないかと思います。

宇宙飛行士が地球に持ち帰った意識の変革。地球という星は青いだけではなく、暗い宇宙の中で特別な輝きを放つ守るべき星なのだ、という見方を人類の味方につけてはどうでしょうか。

AI時代の宇宙開発

人工知能（AI）は、宇宙業界でもすでにさまざまな形で展開されています。たとえば、データ処理装置の中で使われる例としては、東京理科大学で開発された地球観測カメラと三菱重工の次世代宇宙用のデータ処理装置を組み合わせた「AIRIS（アイリス）」があり、2024年現在、打ち上げの機会を待っています。これまでは、送られてきたデータをもとに地上で解析が行われていましたが、軌道上での選別が可能になることで、たとえば船舶など、目的としている物体が写っている部分だけを地球に送ることが可能になります。

しかし、ＡＩには、人類存続の危機をもたらす恐れがあるとも言われています。ＡＩ研究の第一人者、今ではゴッドファーザーと呼ばれるトロント大学のジェフリー・ヒントン名誉教授も、自律的に人を殺すロボット兵器が今後10年以内に出てくると、その脅威を具体的な例としてタイムラインで示すほどです。

人間が人間の心で、その開発の範囲や方向性を決めて、国際的に取り組んでいかないと、ヒントン教授が恐れる未来になってしまいます。宇宙は、温度や空気の状況がシビアであるために、ＡＩやロボットの活動範囲が広くなることが期待されますが、それらを操る人間の力量が大きく反映される分野とも言えるのです。

宇宙のなかで生きるということ

そんなＡＩの時代に、私たちは宇宙とともに歩んでいきます。

科学についてたくさん知っておけばいい、というだけではなく、人間として宇宙ミッションや宇宙ビジネスの価値判断をしていかなくてはなりません。つまり、たくさんある謎の中でも、どの謎にどんなチームを作って臨むか、たくさんある課題の中でどれを優先していくのかを、これから国際的な場で決めていくことになります。

そこでは人間らしさや、人間として正しいこと、人間が生きていく精神的、物理的な糧となるものがコアとなって研究や開発が進められていくようになるべきです。それは、これまでの宇宙開発における国と国の戦いの無謀さや、反対に国と国や企業同士が協力したこれまでの宇宙開発の歴史が教えてくれていることでもあります。

これからは、宇宙は自分の「外」にあるものではない、と誰もが思いながら宇宙と寄り添っていくに違いありません。

ロケットが宇宙に飛んでいき、どこか「遠くに行く」宇宙飛行士を人々が応援する時代はもうすぐ終わるのです。そして、誰もが宇宙の謎に向き合い、得られた知識を地球に生きる人類のために役立てる。宇宙開発のプロセスは人類が正しいと思うことを基準に進んでいくのでしょう。

地球は、太陽系の中のひとつの惑星で、その中に生きる我々人類が宇宙の一部である限り、私たちはいつも宇宙の中で暮らしていて、宇宙の一部として、歩みを進めるのです。現在スペース・レボリューションのまっただ中ですが、「人類は広く豊かな宇宙の中で生きている」という意識改革が起きた時に、このレボリューションは終わりを迎え、新たなステージが幕を開けるのだと思います。

おわりに

いま世界を見渡すと、各国や民間のプレーヤーが協力して、宇宙のはるか遠くまで人類が手を伸ばす時代を迎えています。今後伸びていく宇宙産業を支える人材育成への期待があるがゆえに、宇宙について知ること、つまり「宇宙教育」がこれから注目され、目覚ましい発展を遂げていくと思います。

多くの方にとって「宇宙教育」という言葉自体、耳慣れないものであるかもしれません。私はJAXAの宇宙教育センター長として、子どもたちに宇宙の面白さを伝えるなかで、宇宙は子どもたちの興味を誘うだけではなく、イマジネーションやクリエイティビティも育むものだということを肌で感じました。

ただ宇宙教育は、その定義も手法も、極めて難しいものです。まず宇宙というものが「答えのない教養」であるため全貌を摑みにくいということがあります。これからの宇宙開発とともに、教材も常にアップデートを重ねて進んでいくべきものだからです。

また、宇宙教育とは、一部の大人から子どもたちに与えるものでもないように思います。宇宙開発が進む現代を生きる私たちが、まずはお互いに教え合い、考えを深めながら、子どもを含めた多くの人にシェアされるべき知性を作っていくものだと思います。私自身、宇宙教育センターは離れましたが、宇宙教育はこれからもライフワークのひとつです。

宇宙に探査機を送るミッションのように、宇宙教育も一人ではできないものです。みなさんが、それぞれの才能や興味、疑問や好奇心をもとに、宇宙について語り、考えを深め合い、発展させていくものだと思います。みなさんで宇宙教育の礎を築いていってほしいと願いながら、私もこの本とともに、宇宙に手を伸ばします。

謝辞

宇宙はなぜ面白いのか。

私にとってその答えの一つは、宇宙にかかわることで出会った方々がとんでもなく素敵な人々だったからということです。宇宙の謎に魅せられた科学者、半端ないスキルで宇宙に挑戦しているエンジニア、宇宙がとにかく好きだと言い仕事を楽しんでいる人。人類の知識の限界に挑み続ける人と、その応援を惜しみなくする人。そして、これから宇宙関係の仕事をしたい学生たちと、学生たちを支える教育関係者や保護者の方々。この2年間、世界中での新しい出会いによって、私の世界はぐんと広がりました。お世話になった方々に尊敬の念とともに、大きな感謝を贈ります。

ＪＡＸＡの相模原キャンパスは、ワンダーランドの縮図でした。相模原に着いてすぐに国内外の宇宙界隈のネットワークに私を組み込んでくださった藤本正樹さんをはじめ、羽生宏人さん、はやぶさ2、ＳＬＩＭ、ＭＭＸという壮大で精巧なミッションで宇宙の研究開発をリードしていらっしゃる関係者の皆さまに、日々厚くご指導いただき、大変恵まれた環境で宇宙に飛び込むことができました。心よりお礼申し上げます。本書の執筆中にも、専門的な知見を分けていただき、ありがとうございました。

専門的な項目につきましては、キュレーションで科学の未開の地を切り開いていらっしゃる臼井寛裕さん、ワールドレベルの第1線でご活躍のミッションデザイナーの尾崎直哉さん、宇宙教育イベントでも大活躍のデータ解析の専門家である梶谷伊織さん、Ｘのポストで様々なロケットの打ち上げを解説し宇宙コミュニティを盛り上げてくれているエンジニアで博学な宇宙開発エバンジェリストの戸梶歩さん、目に見えない光が見える宇宙望遠鏡さながらの抜群の知性の持ち主である山口弘悦さん、重力波というこの本のスコープを超える最新分野に立ち向かう勇敢な研究者の和泉究さん。国際調整を含め多彩な学術活動のほかに、宇宙のアウトリーチも手がける村上豪さん。宇宙科学分野のジャーナリストであり、広い知見とシャープな分析力で日本中で頼られている小玉祥司さん。宇宙教育に関する素晴らしいカリキュラムを展開され、宇宙教育で日本をリードするSpace BDの関係者の皆さま。通常の業務の他に、別途お時間をいただき、細かな質問にも答えてくださり、ありがとうございました。皆様が宇宙と生きていらっしゃる姿に感銘を受けてできたのがこの本だと思ってください。

そして、宇宙飛行士の山崎直子さん、NASAジェット推進研究所（JPL）でご活躍のエンジニア小野雅裕さんから、貴重な推薦文をいただきました。オンライン・オフラインと幅広い活動を展開されていらっしゃる中、どこでお見かけする時も、精一杯、心を込めてポジティブなメッセージを届けられているお二人のお姿に、私もそうありたいといつも思います。推薦のメッセージをいただいた時は、大変嬉しく思いました。ありがとうございました。

本の企画から編集まで、とことん考え抜いてベストを尽くしてくださった編集者の近藤純さん。10年以上前になりますが、お手紙をくださり、ありがとうございました。一緒に仕事をしたいという熱意は通じ、いつか夢は現実になるものですね。なぜが詰まった宇宙の本を、力を合わせて作り上げることができ、最高です。ありがとうございました。

家族をはじめ、ここにお名前をあげていないながらも、たくさんの方たちに支えられ、この本は出来上がりました。いたらない点は私の責任ですが、本書を手に、宇宙の入り口で楽しい気分になっていただけたとしたら、大変光栄です。

宇宙の中の地球で生きる。これからも、この惑星でたくさんの方たちと手をつなぎ、豊かな環境や社会づくりに貢献していきたいとワクワクしています。いつか、どこかでお会いしましょう。読んでくださって、ありがとうございました。

2024年6月　北川智子

宇宙をもっと知るために〈おすすめの本〉

＊図や写真が多いやさしい解説書

『僕たちはいつ宇宙に行けるのか』山崎直子・竹内薫（青春出版社・２０２２年）

＊自然科学や物理学の知識をもとに書かれている本

『宇宙とは何か』松原隆彦（ＳＢ新書・２０２４年）

『火星の歩き方』臼井寛裕・野口里奈・庄司大悟（光文社新書・２０２１年）

＊プロフェッショナルが体験を交えて書いている本

『新版　宇宙に命はあるのか』小野雅裕（ＳＢ新書・２０２４年）

『ワンルームから宇宙をのぞく』久保勇貴（太田出版・２０２３年）

『さばの缶づめ、宇宙へいく』小坂康之・林公代（イースト・プレス・２０２２年）

『宇宙大航海時代「発見の時代」に探る、宇宙進出への羅針盤』ＪＡＸＡ宇宙大航海時代検討委員会編（誠文堂新光社・２０２２年）

『はやぶさ２の宇宙大航海記』津田雄一（宝島社・２０２１年）

『小さな宇宙ベンチャーが起こしたキセキ』永崎将利（アスコム・２０２０年）

『星宙の飛行士　宇宙飛行士が語る宇宙の絶景と夢』油井亀美也・林公代・国立研究開発法人　宇宙航空研究開発機構（ＪＡＸＡ）（実務教育出版・２０１９年）

＊重力について

『宇宙はいかに始まったのか　ナノヘルツ重力派と宇宙誕生の物理学』浅田秀樹（ブルーバックス・2024年）

『重力とは何か　アインシュタインから超弦理論へ、宇宙の謎に迫る』大栗博司（幻冬舎新書・2012年）

＊宇宙開発とビジネスについて

『宇宙ベンチャーの時代　経営の視点で読む宇宙開発』小松伸多佳・後藤大亮（光文社新書・2023年）

『超速でわかる！　宇宙ビジネス』片山俊大（すばる舎・2021年）

『宇宙ビジネス入門　NewSpace革命の全貌』石田真康（日経BP・2017年）

＊宇宙の国際ルールについて

『宇宙ビジネスのための宇宙法入門　第3版』小塚荘一郎・佐藤雅彦編著（有斐閣・2024年）

『宇宙地政学と覇権戦争　無法地帯の最前線』ティム・マーシャル著・甲斐理恵子翻訳（原書房・2024年）

＊宇宙ゴミなど宇宙に関連する懸案について

『宇宙開発の不都合な真実』寺薗淳也（彩図社・2022年）

＊宇宙開発の歴史について

『日本宇宙開発夜話』稲田伊彦・斎藤幹雄・富田忠治・吉川一雄（東京図書出版・２０２１年）

＊衛星のデータの使い方について

『いちばんやさしい衛星データビジネスの教本 人気講師が教えるデータを駆使した宇宙ビジネス最前線』神武直彦・恩田靖・片岡義明（インプレス・２０２２年）

＊くまの絵本

『３びきのくま』ゲルダ・ミューラー著・まつかわまゆみ翻訳（評論社・２０１３年）

参考・引用文献

・『ニュートン式 超図解 最強に面白い!! 宇宙』佐藤勝彦監修（ニュートンプレス・２０２０年）
・『宇宙と生命　最前線の「すごい！」話』荒船良孝（青春出版社・２０２０年）
・『宇宙探査機はるかなる旅路へ　宇宙ミッションをいかに実現するか』山川宏（化学同人・２０１３年）
・『僕たちはいつ宇宙に行けるのか』山崎直子・竹内薫（青春出版社・２０２２年）
※１「The Space Report 2023」Space Foundation
※２「The Space Economy's Next Giant Leap」Morgan Stanley
※３「宇宙戦略基金 今後の検討の方向性について（概要）」内閣府宇宙開発戦略推進事務局（２０２４年２月）
※４「Commercial Space Frequently Asked Questions」NASA
※５「What are SmallSats and CubeSats？」NASA
※６「宇宙技術戦略（宇宙輸送）の方向性」内閣府宇宙開発戦略推進事務局（２０２４年２月６日）
※７「2023 Orbital Launches, by Country」Jack Kuhr（January 4, 2024）Payload
※８「Orbital Debris Quarterly News Volume28, Issue1」（February 2024）NASA

※ａ　チャンドラヤーン３号のように、推進力の強さなど宇宙機のつくりとの兼ね合いでルートが決められる場合や、ＳＬＩＭのように推進剤の消費量などを加味してルートを決められる場合がある。

宇宙の産業や研究開発の発展が目覚ましいため、ニュースやウェブで発信された内容に基づき本書を執筆しています。主な宇宙機関からは、定期的な発信がウェブ上で行われており、特にＮＡＳＡはオープンサイエンスのポリシーにより、画像や動画を無料で広く提供しています。学習用の教材やポッドキャストの配信もウェブ上にはありますし、ベンチャー企業や大きく躍進している企業からの発信や宇宙に特化したメディアにも注目です。ぜひ、身の回りにあるツールを使って最新の情報を探してみてください。

本書は2024年6月上旬までの情報をもとに執筆しています。新たな発見や知識の発展に期待しています。

デザイン（カバー・図表）　ＦＲＯＧ ＫＩＮＧ ＳＴＵＤＩＯ
校正　株式会社円水社
ＤＴＰ　株式会社三協美術

北川智子《きたがわ・ともこ》

福岡県出身。カナダのブリティッシュコロンビア大学で数学と生命科学を学び、プリンストン大学で歴史学の博士号を取得。ハーバード大学で歴史を教えた後、ケンブリッジ大学ウォルフソンカレッジ、カリフォルニア大学バークレー校、ドイツのマックス・プランク数学研究所、オックスフォード大学ペンブルックカレッジと数学研究所で数学史の研究を進め、南アフリカのプレトリア大学にも赴任。2022年にJAXA宇宙教育センター長に就任し、国際的な場で地球規模の課題に立ち向かうことのできる人材を育むことを目標として活動。2024年よりJAXA東京事務所にて勤務。著書に『ハーバード白熱日本史教室』『ケンブリッジ数学史探偵』など。『The Secret Lives of Numbers』(共著)はペンギン・ランダムハウス社から刊行され、13か国語への翻訳が決まっている。

www.tomokokitagawa.com

ポプラ新書
261
宇宙はなぜ面白いのか
2024年7月22日　第1刷発行

著者
北川智子
発行者
加藤裕樹
編集
近藤　純
発行所
株式会社 ポプラ社
〒141-8210 東京都品川区西五反田3-5-8 JR目黒MARCビル12階
一般書ホームページ www.webasta.jp
ブックデザイン
鈴木成一デザイン室
印刷・製本
TOPPANクロレ株式会社

N.D.C.440　206P　18cm ISBN978-4-591-18232-1

P8201261

生きるとは共に未来を語ること　共に希望を語ること

昭和二十二年、ポプラ社は、戦後の荒廃した東京の焼け跡を目のあたりにし、次の世代の日本を創るべき子どもたちが、ポプラ(白楊)の樹のように、まっすぐにすくすくと成長することを願って、児童図書専門出版社として創業いたしました。

創業以来、すでに六十六年の歳月が経ち、何人たりとも予測できない不透明な世界が出現してしまいました。

この未曾有の混迷と閉塞感におおいつくされた日本の現状を鑑みるにつけ、私どもは出版人としていかなる国家像、いかなる日本人像、そしてグローバル化しボーダレス化した世界的状況の裡で、いかなる人類像を創造しなければならないかという、大命題に応えるべく、強靭な志をもち、共に未来を語り共に希望を語りあえる状況を創ることこそ、私どもに課せられた最大の使命だと考えます。

ポプラ社は創業の原点にもどり、人々がすこやかにすくすくと、生きる喜びを感じられる世界を実現させることに希いと祈りをこめて、ここにポプラ新書を創刊するものです。

未来への挑戦!

平成二十五年　九月吉日　　株式会社ポプラ社